中华传统食材丛书

总主编 魏兆军 陈寿宏

温寒带水果卷

主 编 倪志婧 王 薇

编 委 徐冠一 麻润晖 刘苗苗

国家出版基金项目
NATIONAL PUBLICATION FOUNDATION

合肥工业大学出版社

总序

健康是促进人类全面发展的必然要求，《“健康中国2030”规划纲要》中提出，实现国民健康长寿，是国家富强、民族振兴的重要标志，也是全国各族人民的共同愿望。世界卫生组织（WHO）评估表明膳食营养因素对健康的作用大于医疗因素。“民以食为天”，当前，为了满足人民日益增长的美好生活的需求，对食品的美味、营养、健康、方便提出了更高的要求。

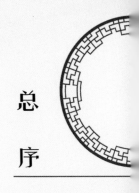

中国传统饮食文化博大精深。从上古时期的充饥果腹，到如今的五味调和；从简单的填塞入口，到复杂的品味尝鲜；从简陋的捧土为皿，到精美的餐具食器；从烟火街巷的夜市小吃，到钟鸣鼎食的珍馐奇馔；从“下火上水即为烹饪”，到“拌、腌、卤、炒、熘、烧、焖、蒸、烤、煎、炸、炖、煮、煲、烩”十五种技法以及“鲁、川、粤、徽、浙、闽、苏、湘”八大菜系的选材、配方和技艺，在浩渺的时空中穿梭、演变、再生，形成了绵长而丰富的中华传统饮食文化。中华传统食品既要传承又要创新，在传承的基础上创新，在创新的基础上发展，实现未来食品的多元化和可持续发展。

中华传统饮食文化体现了“大食物观”的核心——食材多元化，肉、蛋、禽、奶、鱼、菜、果、菌、茶等是食物；酒也是食物。中国人讲究“靠山吃山、靠海吃海”，这不仅是一种因地制宜的变通，更是顺应自然的中国式生存之道。中华大地幅员辽阔、地大物博，拥有世界上最多样的地理环境，高原、山林、湖泊、海岸，这种巨大的地理跨度形成了丰富的物种库，潜在食物资源位居世界前列。

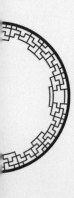

“中华传统食材丛书”定位科普性，注重中华传统食材的科学性和文化性。丛书共分为30卷，分别为《药食同源卷》《主粮卷》《杂粮卷》《油脂卷》《蔬菜卷》《野菜卷（上册）》《野菜卷（下册）》《瓜茄卷》《豆荚芽菜卷》《籽实卷》《热带水果卷》《温寒带水果卷》《野果卷》《干坚果卷》《菌藻卷》《参草卷》《滋补卷》《花卉卷》《蛋乳卷》《海洋鱼卷》《淡水鱼卷》《虾蟹卷》《软体动物卷》《昆虫卷》《家禽卷》《家畜卷》《茶叶卷》《酒品卷》《调味品卷》《传统食品添加剂卷》。丛书共收录了食材类目944种，历代食材相关诗歌、谚语、民谣900多首，传说故事或延伸阅读900余则，相关图片近3000幅。丛书的编者团队汇聚了来自食品科学、营养学、中药学、动物学、植物学、农学、文学等多个学科的学者专家。每种食材从物种本源、营养及成分、食材功能、烹饪与加工、食用注意、传说故事或延伸阅读等诸多方面进行介绍。编者团队耗时多年，参阅大量经、史、医书、药典、农书、文学作品等，记录了大量尚未见经传、流散于民间的诗歌、谚语、歌谣、楹联、传说故事等。丛书在文献资料整理、文化创作等方面具有高度的创新性、思想性和学术性，并具有重要的社会价值、文化价值、科学价

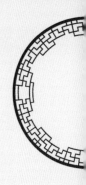

值和出版价值。

对中华传统食材的传承和创新是该丛书的重要特点。一方面，丛书对中国传统食材及文化进行了系统、全面、细致的收集、总结和宣传；另一方面，在传承的基础上，注重食材的营养、加工等方面的科学知识的宣传。相信“中华传统食材丛书”的出版发行，将对实现“健康中国”的战略目标具有重要的推动作用；为实现“大食物观”的多元化食材和扩展食物来源提供参考；同时，也必将进一步坚定中华民族的文化自信，推动社会主义文化的繁荣兴盛。

人间烟火气，最抚凡人心。开卷有益，让米面粮油、畜禽肉蛋、陆海水产、蔬菜瓜果、花卉菌藻携豆乳、茶酒醋调等中华传统食材一起来保障人民的健康！

中国工程院院士

2022年8月

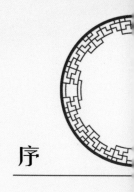

序

我国温度带自北向南根据地区的活动积温来划分，分别是寒温带、中温带、暖温带、亚热带、热带，还有一个地高天寒、面积广大的高原气候区。其中，黄河中下游及大部分地区、南疆属于暖温带气候区，东北、内蒙古大部分及北疆属于典型的中温带气候区，黑龙江北部及内蒙古东北部属于寒温带气候区。温度是限制水果分布和生长发育的主要因素，每个种类都有适宜的温度范围，超过一定范围则发育不良或不能生长。不同温度带的热量不同，对于植物生长的生长期不同，植物种类也有极大差异。柑橘、枇杷等亚热带水果虽然能抵抗轻寒，但在气温降至-9℃左右甚至以下时仍会发生严重冻害，因此一般分布在秦岭—淮河以南地区。温带地区则盛产苹果、梨、柿子、葡萄等温带水果。我国长城以北和新疆北部地区，因为冬季过于严寒，苹果等温带水果也难以生长。

“中华传统食材丛书”《温寒带水果卷》共收集了27种温寒带水果类目，从各类水果的物种本源和物种特性开始介绍，结合最新科学研究成果，有效总结了水果的营养价值，又从养生的角度全面介绍了水果作为食材的烹饪及加工方法，解答了温寒带水果的主要功效、适宜人群和食用禁忌等问题。本书可以帮助读者了解如何根据不同水果中所富含的不同营养物质和特殊功能成分选择食用、如何与其他食材搭配制作美味与健康兼备的菜肴，获取美味摄取营养，提升身体免疫力。水果的辨识难度不大，但是果实之外的植株特征，比如植株叶片、花朵等并不是所有人都能辨认的，因此书中每种水果都有配图，直观详细地展现了各种水果的形态特征，图文并茂且方便读者认识和查阅。本书作为科普读物可以满足不同群体的阅读需求。

浙江大学叶兴乾教授审阅了本书，并提出宝贵的修改意见，在此深表感谢。

由于编者水平有限，书中难免有疏漏和谬误，敬请广大读者批评指正。

编　者

2022年7月

目录

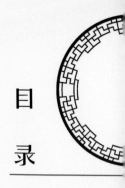

山楂

满院香风乍熟楂，猴孙抱子坐枯槎。
头陀不惯迎宾客，自折芙蓉供释迦。

——《东林寺》（南宋）张至龙

一、物种本源

拉丁文名称，种属名

山楂（*Crataegus pinnatifida* Bunge），为蔷薇科山楂属落叶乔木植物山楂的果实，又名鼠楂、红果、山里红、大山楂等。

形态特征

山楂植株为落叶乔木，树皮粗糙，暗灰色或灰褐色；刺长为1～2厘米，有时无刺；小枝呈圆柱形，当年生枝紫褐色，无毛或近于无毛，疏生皮孔，老枝为灰褐色。叶片呈宽卵形、三角状卵形或稀菱状卵形，长为5～10厘米，宽为4～7.5厘米。叶柄长为2～6厘米，无毛；托叶草质，

山楂植株

镰形，边缘有锯齿。花瓣呈倒卵形或近圆形，长为7~8毫米，宽为5~6毫米，白色。果实呈近球形或梨形，直径为1~1.5厘米，深红色，有浅色斑点；小核3~5个，外面稍具棱，内面两侧平滑。花期为5~6月，果期为9~10月。

习性，生长环境

山楂适应性强，既耐寒又耐高温，–36~43℃均能生长。喜光也能耐阴，一般分布于海拔100~1500米的荒山秃岭、阳坡、半阳坡、山谷中或灌木丛中。山楂耐旱，水分过多时，枝叶容易徒长。对土壤要求不严格，但在土层深厚、质地肥沃、疏松、排水良好的微酸性沙壤土生长良好。

由野生山楂驯化培育成的变种大山楂，是我国特有的优良品种，东起黑龙江，西到新疆，北自内蒙古，南至云南、广西均有种植，尤以北方为多。产于河北、山东、辽宁、北京、山西等省市的称为北山楂，产于云南、广东、湖南等省区的称为南山楂。南方的山楂树可常年青绿而不落叶。

二、营养及成分

据测定，山楂含维生素B_1、维生素B_2、维生素C、胡萝卜素、烟酸、硫胺素及钙、磷、铁、钾、钠等元素，此外还含有三萜类、黄酮类（生山楂26%，炒山楂22%，焦山楂20%）、花青素、有机酸等化合物。每100克山楂部分营养成分见下表所列。

碳水化合物	22克
膳食纤维	2克
蛋白质	0.7克
脂肪	0.2克

三、食材功能

性味 味甘、酸，性平。

归经 归脾、胃、肝经。

功能

（1）山楂，可消食积、散瘀血、健胃宽膈、下气活血、消痞散积、杀虫除疳，对于医治的肉食停滞、痰饮、痞满、腹痛、泄泻、暖气吞酸、肠风疝气、腰痛、妇女产后儿枕痛、恶露不尽、瘀阻腹痛、小儿乳食停滞等症具有良好的食疗助康复效果。

（2）山楂中的花青素、黄酮和多酚都有良好的抗氧化作用，可以清除自由基，延缓衰老。

（3）有关专家研究发现，山楂的黄酮类有机酸和三萜类等化学成分，对心血管系统疾病有明显的辅助治疗作用。山楂黄酮能使冠状动脉扩张，有降血脂、降血压和强心作用，能改善心脏活力和兴奋中枢神经系统，且具抗氧化作用。

四、烹饪与加工

冰糖葫芦

（1）材料：山楂、白糖。

（2）做法：首先，将山楂洗干净，控干水备用；然后，放入白糖，小火熬煮糖浆；最后，将山楂放入熬好的糖浆中搅拌，使每一粒山楂都均匀地沾上糖浆，倒出冷却即可食用。

罗汉果山楂银耳羹

（1）材料：山楂、银耳、罗汉果、枸杞。

（2）做法：将银耳用水浸泡至涨发，去掉根蒂撕成小块，备用。山楂和罗汉果分别用清水洗净，将罗汉果掰碎，同银耳、山楂一起放入电砂煲中，加入足量清水，炖煮一夜。最后，放入枸杞，焖10～20分钟，倒出趁热食用。

山楂糕

（1）材料：山楂、白砂糖。

（2）做法：山楂糕是由山楂果肉浆（果泥）加入白砂糖熬煮制得，是开胃良品。

五、食用注意

（1）空腹不宜多食。山楂消积化滞之力较强，所含的酸性成分较多，空腹多食，会使胃中的酸度急剧增加，容易导致胃部疼痛不适，诱发疾病，甚至导致溃疡。

（2）体弱、久病体虚者不宜食用。

（3）服磺胺类药物及碳酸氢钠时不宜食用。本品为酸性，食用可使磺胺类药物在泌尿系统形成结晶而损害肾脏，使碳酸氢钠的药效降低。

传说故事

山楂的由来

相传，山东境内有座驼山，山脚下有位姑娘叫石榴。她美丽多情，爱上了一位名叫白荆的小伙子，两人同住一山下，共饮一溪水，情深意厚。不幸的是，石榴的美貌惊动了皇帝，官府来人抢走了她，并强迫其为妃。石榴宁死不从，骗皇帝要为母守孝一百天。皇帝无奈，只好找一座幽静院落让她独居。

石榴被抢走以后，白荆追至南山，日夜伫立山巅守望，日久竟化为一棵小树。石榴听闻白荆一直在等她，便逃离皇宫寻找到白荆，可只找到他的化身。石榴悲痛欲绝，扑上去泪如雨下。悲伤的她也幻化为树，并结出鲜亮的红果，人们叫它“石榴”。皇帝闻讯命人砍树，并下令不准叫“石榴”，叫“山渣”——山中渣滓，但人们喜爱刚强的石榴，即称她为“山楂”。

梨

粉淡香清自一家，未容桃李占年华。
常思南郑清明路，醉袖迎风雪一杈。

——《梨花》（南宋）陆游

一、物种本源

拉丁文名称，种属名

梨为蔷薇科梨属乔木植物白梨（*Pyrus bretschneideri* Rehd.）、秋子梨（*Pyrus ussuriensis* Maxim.）等品种的果实的总称。

形态特征

梨树的根系发达，垂直根深可达3米，水平根分布较广，约为冠幅的2倍。喜光喜温，宜选择土层深厚、排水良好的缓坡山地种植，尤以沙质土壤山地为理想。干性强，层性较明显。结果早，结果期长，有些品种2～3年即开始结果，盛果期可维持50年以上。

习性，生长环境

梨树是一种喜欢光照的树种，梨树生长一年所需的光照时长为1600小时，相对光强度达到35%时梨树的生产速率加快，低于15%时生产速

梨植株

率缓慢，同时梨树生长中对水的需求量较大。

梨的品种类型较多，主要分布于黑龙江、吉林、辽宁、内蒙古、河北、山西、山东、陕西、甘肃等地。

二、营养及成分

据测定，梨含有胡萝卜素、维生素B_1、维生素B_2、维生素C、烟酸及钙、磷、铁、钾、钠、镁等元素，还含有苹果酸和枸橼酸等。每100克梨部分营养成分见下表所列。

碳水化合物	13.3克
膳食纤维	13克
蛋白质	0.1克
脂肪	0.1克

三、食材功能

性味 味甘、微酸，性凉。

归经 归肺、胃经。

功能

（1）梨生津、除烦、止渴、滋阴、润肺、清热、泻火、化痰。适用于痢疾、慢性咳喘、口渴失声、小儿风热、眼赤肿痛、喉痛反胃等症。

（2）研究表明，梨中的提取物，比如多酚、黄酮，有着良好的抗氧化抗衰老的作用。

（3）梨果实的钾元素是人体内不可缺少的常量元素，它能维持神经、肌肉的正常功能；对于治疗高血压、中风、肌肉萎缩、心脏病、软骨病都有辅助作用。

（4）梨果实的磷主要在小肠上段吸收，人体吸收后的磷可使物质活化，以利于体内代谢反应的进行，参与调节机体的酸碱平衡等。

梨果实

四、烹饪与加工

冰糖雪梨

（1）材料：雪梨、冰糖。

（2）做法：雪梨去皮去核之后切块同凉水一起入锅，水量适宜；第一次水开之后放冰糖，继续煲半个小时以上。熬制好的雪梨汁呈黄色，雪梨入口即化。

黄小米雪梨粥

（1）材料：雪梨、黄小米。

（2）做法：雪梨洗净削皮，切成块，备用。把黄小米淘洗干净，将其和梨放入锅中，加入适量清水，大火烧开锅，转小火煮20分钟后即可食用。

薏米雪梨骨头汤

（1）材料：雪梨、猪骨头、薏米、姜、盐。

（2）做法：先将薏米浸泡一两个小时，雪梨不削皮，切块备用。把切好的姜片和猪骨头一起过氽入锅，再将所有材料放锅里煲煮一个小时，加盐调味即可食用。

五、食用注意

（1）梨性冷，脾胃虚寒、呕吐便溏者不宜食用。

（2）产妇、金疮患者、小儿痘后不宜食用。

（3）服用糖皮质激素后不宜食用，防止诱发糖尿病。

（4）服用磺胺药类和碳酸氢钠时不宜食用梨。

梨植株

传说故事

扁鹊与梨

相传，一天名医扁鹊与两徒弟出诊，因气候干燥，口渴难忍，他的徒弟就上山采摘些野梨给师傅解渴。秋梨皮薄多汁，香甜爽口。扁鹊食后说：“果甜如乳汁，此玉乳也。”故后世人称梨为“玉乳”。

刘秀御封梨树王

传说在一个秋高气爽的日子，刘秀率领文武百官来到一个梨园，走到一棵高大的梨树下，有个梨子突然从树上掉下来摔碎在他的脚前。于是他命人从树上摘下一个品尝，这一尝不要紧，顿觉满口生津，唇齿溢香。刘秀赞道：“此真乃梨之王也!”说起来也奇怪，那树遂枝摇叶摆，好像在谢主隆恩。因此那棵树被称为“御封梨树王”。

历经1900多年，“御封梨树王”原树几度枯衰。但是，每次干枯之后，都会在原处萌发新芽。长大后，总是挺拔繁茂、高大异常，从不失王者风范。现在这棵梨树王，已经不知道是第几代“树王”了。

刘秀封了梨树王之后，自然不能让梨树王成为“孤家寡人”，在随臣的提议下，他又按自己朝中的“编制”，一并册封了梨王国，也就是旅游图上的“梨王宫”，其中“将”“相”“后”“妃”，一应俱全。“梨树王”南侧的两株便是“左右梨相”，梨树王北侧的一棵大树为“梨王后”。

苹果

树下阴如屋，香枝匝地垂。
吾侪携酒处，尔柰放花时。
有实儿童摘，无材匠石知。
成蹊若桃李，难以并幽姿。

——《柰树》（明）杨起元

一、物种本源

拉丁文名称，种属名

苹果（*Malus pumila* Mill.），为蔷薇科苹果属乔木植物苹果的果实，又名柰、频婆、标子、西洋苹果等。

形态特征

苹果树多为异花授粉，有2%～4%的花座果较为理想。虽然成熟苹果的大小、形状、颜色和酸度因品种和环境条件的不同而差异较大，但通常是圆形，直径为50～100毫米，呈红色或黄色。

习性，生长环境

苹果树喜光，喜微酸性到中性土壤，最适于土层深厚、富含有机质、心土为通气排水良好的沙质土壤。我国是苹果生产大国，产量占世界苹果总产量的65%，主要产地有陕西、甘肃、山东、山西等地。

二、营养及成分

据测定，苹果含胡萝卜素、维生素B_1、维生素B_2、维生素C、烟酸、硫胺素及钙、钾、磷、锌、硒等元素，此外还含芳香成分醇类、羰类和苹果酸、柠檬酸成分。每100克苹果部分营养成分见下表所列。

碳水化合物	13克
膳食纤维	1.7克
脂肪	0.5克
蛋白质	0.4克

苹果植株

三、食材功能

性味 味甘、酸，性平。

归经 归肺、胃经。

功能

（1）苹果，清热除烦、益脾止泻、下气消痰，对脾虚而致的不思饮食、暑热而致心烦的口渴等症有很好的辅助治疗效果。

（2）学者在研究中发现：苹果多酚中的缩合鞣质类，约占总多酚的一半，且其ACE抑制活性比茶多酚的主要成分儿茶素和表儿茶素要高，可以作为抑制和治疗高血压、高血脂及心脑血管疾病的有效药剂。

四、烹饪与加工

苹果烤猪肉

（1）材料：猪肉、苹果、土豆、葱头、盐、胡椒粉、食用油、鸡清汤。

（2）做法：将猪肉洗净切片，抹上少许盐、胡椒粉备用；把苹果削皮去核切片，土豆洗净去皮切片，葱头洗净切片，以上食材备用。把锅烧热后倒入食用油，待油温六成时，放入猪肉片煎至上色，摆入烤盘；放上土豆片，把葱头片放在土豆片上面，放上苹果片；撒盐、胡椒粉，倒入调好口味的鸡清汤，放进烤箱烤至熟透即可。

拔丝苹果

（1）材料：苹果、白糖、食用油。

（2）做法：把苹果洗净切块，在八成热油锅中炸至金黄色，捞出沥油。油锅烧至四成热时，加白糖炒至金黄色，将苹果迅速放入颠翻挂匀，倒在抹油的盘内即成。

苹果醋

苹果醋是用苹果发酵制成的一种饮用醋，再兑以苹果汁等原料而成的饮品。它并不是厨房里的调味品。苹果原醋兑以苹果汁使得口味酸中有甜、甜中带酸，既消解了原醋的生醋味，还带有果汁的甜香，喝起来非常爽口。

苹果酒

苹果酒是一种由纯果汁发酵制成的酒精饮料。苹果酒酒精含量较低，为2%~8.5%。

五、食用注意

（1）痛经者，如月经来潮时应暂勿食苹果。

（2）苹果虽性平、味甘，但味甘助温，多食有伤脾胃。

（3）服用磺胺类药物及碳酸氢钠时不宜食用苹果。

（4）糖尿病患者少食苹果，但在两餐之间可适当食用。

传说故事

两个苹果的故事

以前，有一位中年人，经过一座寺庙。阅人无数的他，心中有一个结无法解开，于是就进寺庙，拜谒在这里修行的一位禅师，希望这位禅师能够解开他心中多年的疑惑。

这位中年人进入寺庙向禅师行礼问好，禅师也微笑，合礼叫声“阿弥陀佛”。中年人问道：“师父，请问人的欲望究竟是什么?”

禅师对这位中年人说：“你现在先回去，等明天中午的时候再来找我，而且你需要记住，不能吃饭，不能喝水，你才能来见我。”到了第二天，这位中年人果然来了，按照禅师所说的不喝水也不吃饭，空着肚子而来。

这时候，禅师问这位中年人：“你现在是不是肚子很饿呢?”这位中年人咽下了一口口水说：“是的，我现在是饿到可以吃下一头牛，喝下一池水。”禅师这时候对这位中年人笑着说：“那你随我来吧。”两人便来到了一片苹果园，禅师将一个硕大的苹果筐交给中年人说：“你现在可以到这片苹果园尽情地采摘苹果，但是必须记住，一定要把苹果带回寺庙里了，你才可以享用。”说完就转身走开了。

当时烈日当空，那位中年人背着一个装满苹果的筐子，累得气喘吁吁、满头大汗。他步履蹒跚、汗流浃背地走到禅师面前，跟随禅师一起回到了寺庙。到了寺庙，禅师问中年人：“你现在可以享用这些美味的苹果了。”这位中年人迫不及待地伸手抓住两个很大的苹果，大口大口地咀嚼起来，狼吞虎咽地将两个大苹果吃光了。吃完后疑惑地凝望着禅师。

禅师就问他：“你现在还饥渴吗?”这位中年人说：“不了，

我现在已经吃饱了，什么都吃不下了。”禅师这时候指着那一大筐子的苹果说：“这些是你千辛万苦背回来的苹果，却没有被你吃下去，这剩下的水果又有什么用呢？”这位中年人顿时恍然大悟，知道了禅师的用意，也解开了自己当初的疑问。

花红

草阁柴扉星散居，浪翻江黑雨飞初。
山禽引子哺红果，溪友得钱留白鱼。

——《解闷十二首》（节选）
（唐）杜甫

一、物种本源

拉丁文名称，种属名

花红（*Malus asiatica* Nakai）为蔷薇科苹果属小乔木植物花红的果实，常常又被称为蜜果。

形态特征

花红树是落叶小乔木植物，高度为4～6米，枝叶较为粗壮，叶片常常表现为椭圆形。花红的果实为球形，直径为4～5米，颜色一般是黄色或者红色。

习性，生长环境

花红喜光，耐寒，耐干旱，也能耐一定的水湿和盐碱。这种植物常分布在海拔50～2800米的平原和低山坡地区，生存能力很强，适宜于多

花红植株

种环境下生存。花红分布于我国安徽、辽宁、河北、河南、贵州、云南、新疆等地。

二、营养及成分

据测定，花红含有大量的维生素和矿物质，如维生素B、维生素C、胡萝卜素，钙、铁、钾、锌等。每100克花红部分营养成分见下表所列。

糖	15克
蛋白	0.3克
脂肪	0.1克

三、食材功能

性味 味甘、酸，性平。

归经 归心、肝、肺经。

功能

（1）花红可健脾和胃，适用于止渴、止泻、除烦、解暑等症的治疗。

（2）多酚作为花红中一种重要的活性物质，能够有效地抑制血管紧张素转移酶，防止血管收缩以及血压升高。除此之外，花红中其余的活性物质如儿茶素等均具有抑制血管紧张素转移酶活性的作用，故能够对高血压的治疗有一定的辅助作用。

四、烹饪与加工

花红派

（1）材料：面粉、花红、食用油。

（2）做法：温水和面，面团醒20分钟；随后放入花红不停搅拌，再捏成饼形状，放入锅中进行煎炸；晾凉片刻后，即可食用。

糖水花红

（1）材料：花红、冰糖、枸杞。

（2）做法：把新鲜的花红切块，去核之后浸泡10分钟左右。随后放入砂锅中，小火慢煮，待花红煮至绵软加入冰糖，继续小火煮。加入洗净的枸杞再煮2分钟出锅，即可食用。

花红果脯

利用现代的食品加工技术，可以将花红制成果脯，使其更耐储藏且风味更佳。

糖水花红罐头

利用现代的食品加工工艺，可以将花红制成罐头，使其更易于运输和储藏。

五、食用注意

（1）糖尿病患者宜少食花红。

（2）血管堵塞及痛风患者应少食花红。

传说故事

花红来历的传说

传说，明朝嘉靖年间（1522—1566），来安境内出了一个三品官员东台御史吴棠。他把老母接到京城去住，谁知老母却忽然得了痢疾，请遍了京都名医都治不好。

吴大人忧心如焚，不得不将有意叶落归根的母亲送回了来安，临时找了个名叫花红的村姑在病榻旁照看老母。花红姑娘心地善良，尽心尽力服侍吴老太太，见老人不吃不喝，便到集市上买回新上市的新鲜林檎，让吴老太吃点儿开胃。哪知吴老太只觉酸甜适口，越吃越爱吃。一连几天吃林檎，病也治好了，饭菜也觉得香了。吴家上下皆大欢喜。不久，吴棠带了七十多斤林檎进京，将林檎进献嘉靖皇帝。嘉靖皇帝不知何物，只闻到桂花似的清香，红红的，很鲜亮，脱口说出：“花红，花红。”吴棠感念花红姑娘，急忙附和：“此果就叫花红。”嘉靖皇帝大悦，当朝赐名此果为“来安花红”。

海棠果

海棠色殊，纷披曜日。
海棠色殊，纷披曜日。
不芬其葩，而香其实。
香或掩味，文乃逾质。
园陵之珍，佩充兰室。

——《海棠果赞》
（明）区大相

一、物种本源

拉丁文名称，种属名

海棠果，学名为楸子［*Malus prunifolia*（wild.）Bork.］，是蔷薇科苹果属落叶乔木海棠果树的果实，又名海红等。

形态特征

海棠果树是落叶乔木植物，高度为5~12米，树皮呈黑色或褐色。海棠果树和海棠花同科，均为蔷薇科，形态较为接近。与海棠花不同的是，海棠果的花期在四月，而果实成熟于秋季，因此又被叫作秋海棠。根据颜色不同，海棠可被分为三个品种，分别是白海棠、红海棠与大仙果。其中，白海棠、红海棠果相比大仙果口味更加鲜甜。

习性，生长环境

海棠果树属于阳性树种，喜光照，耐寒性强，耐湿、耐旱、耐盐碱适应范围很广，野生或栽培于海拔50~1300米的山坡、平地或山谷梯田边。该品种分布于河北、河南、山东、山西、陕西等。

二、营养及成分

据测定，海棠果含有维生素C、维生素E、胡萝卜素、钙、铁、硒等营养元素。每100克海棠果部分营养成分见下表所列。

碳水化合物	22克
蛋白	0.2克
脂肪	0.2克

三、食材功能

性味 味微酸，性平。

归经 归、肝、胃、小肠经。

功能

（1）海棠果可止泻痢、健脾。用于消化不良、食积腹胀、肠炎泄泻以及痔疮等。

（2）海棠果中含有丰富的营养物质，如糖类、有机酸及各种矿物质等，这些营养物质可以帮助补充人体的细胞内液，刺激唾液分泌，有生津止渴的作用。

（3）海棠果中含有丰富的有机酸，这种成分能促进消化液的分泌，促进消化，缓解消化不良。

海棠果植株

（4）实验表明，海棠果能够有效地改善毛细血管的通透性，进而起到明显地舒张血管的作用。

（5）海棠果含有丰富的营养物质，这些物质不仅含量高而且种类繁多，能满足人体不同器官的需求，例如有机酸、核黄素和维生素等，可以起到为人体补充营养、增强免疫力的作用。

四、烹饪与加工

糖水海棠果

（1）材料：海棠果、冰糖。

（2）做法：将海棠果洗净后放入冰糖水中浸泡一段时间，再放到小火上面慢慢炖煮。等到果肉部分完全煮烂后，将汤汁放入碗中即可。

蜜渍海棠果

（1）材料：海棠果、冰糖。

（2）做法：将海棠果洗净，去掉底部的蒂备用。锅中放入冰糖、水，煮沸后直接倒入海棠果中，腌制一晚上。隔日，大火煮沸转小火煮至汁液黏稠，冷藏食用即可。

海棠果避暑茶

（1）材料：海棠果干、柠檬、话梅。

（2）做法：首先将准备好海棠果干、柠檬、话梅放入锅中，加上清水，随后用大火熬制20分钟再转小火熬炖。关火后，自然冷却，冷藏泡水饮用。此饮品酸甜可口，可用于夏日解暑。

海棠果干

首先收集海棠果，经过分级挑选后清洗去污，进而去籽切片，随后进行烘干，最后分拣包装。

海棠果酒

利用现代的食品加工技术，以海棠果为原料，酿造成的果酒，能更好地保留其原有的风味。

五、食用注意

（1）海棠果不适合胃酸和胃溃疡患者食用。

（2）海棠用砂锅煮食为宜。

传说故事

海棠果的传说

传说古代天上的神仙中有一位花神，她是玉帝御花园中掌管百花的仙子。花神与嫦娥是好朋友，二人经常在一起玩耍。有一次，花神看见嫦娥的花园中有一种她从来没见过的花，而且这种花像树又过于矮小，说是花又过于硕大。花朵一簇簇生长着，红白相间，非常可爱。花神对这花产生了好奇心，于是日日去观看。

三个月以后，花落了。又过了一段时间，她发现这株神奇的花竟然长出了果实。果实是圆圆的、黄黄的，散发出浓郁的果香味，实在是让人忍不住想摘下品尝。花神问嫦娥这是什么花，这果实到底能不能食用，还希望嫦娥能够送给自己一盆，带回去细细研究。但是嫦娥却无奈表示，这是王母娘娘寿辰时别人送来的礼品，是从天竺运过来的神花。

正当两人在讨论时，王母娘娘出现了，以为嫦娥要将她的花送给花神，一怒之下就将二人打下了凡间。这果实也随着坠入了凡间，正好砸在一位老汉的花园里。老汉被这突如其来的景象惊吓到，连忙伸手去接，口中还叫着女儿海棠果来观看。老汉认为这一定是天赐吉祥，这果子还像他的女儿一样美丽，于是就将这果子命名为“海棠果”。

覆盆子

灵根茂永夏，幽蹬罗深丛。
晶华发鲜泽，叶实分青红。
搜寻犯晨露，采摘勤村童。
藉以烟笋箨，贮之霜筠笼。

——《覆盆子》（宋）
王右丞

一、物种本源

拉丁文名称，种属名

覆盆子（*Rubus idaeus* L.）是一种蔷薇科悬钩子属灌木植物覆盆子的果实，又被称为覆盆莓、树梅、树莓等。

形态特征

覆盆子植株是一种落叶灌木，高度为2～3米，树枝圆而细，有着小刺。覆盆子花处于小枝子顶端，长度为2～3厘米，花瓣呈长圆形。

习性，生长环境

覆盆子生长于山地杂木林边、灌丛或荒野，海拔在500～2000米的地区。它性喜温暖湿润，要求光照良好的散射光，对土壤要求不严格，适应性强。覆盆子花期为4～5月份，结果期为6～7月，土壤水分蒸发量过大，水分不足，则会影响其产量。

覆盆子在我国主要分布于辽宁、吉林、内蒙古、福建、河北、河南等地区。

二、营养及成分

覆盆子富含有机酸、糖类及少量维生素C，果实中还含有钙、钾、镁等营养元素以及大量纤维、三萜成分、覆盆子酸、鞣花酸和β-谷甾醇。从覆盆子中还分离出黄酮类物质、花色素苷等化学成分。

三、食材功能

性味 味甘，性平。

归经 归肝、肾经。

功能

（1）覆盆子，可固肾、涩精、缩尿，对阳痿、遗精、尿频、遗尿等症有效。

（2）覆盆子中含有大量的黄酮类物质和花色素苷，黄酮类物质具有强效的抗炎抗菌作用和一定的抗氧化作用，能缓解皮肤的衰老。花色素苷是一种抗氧化剂，可以清除自由基，覆盆子含有的黄酮类物质有抗菌消炎的功效。

（3）覆盆子含有烯酮素，能够加速脂肪的代谢燃烧，效果比辣椒素强三倍，比平常进食加快五倍脂肪代谢燃烧，是天然的减肥良方。

（4）覆盆子中含有大量的维生素A和黄酮类物质，这两种物质在眼睛的视网膜上存在量很高，又都是强抗氧化剂，能防止视网膜的氧化，有明目的效果。

覆盆子果实

四、烹饪与加工

覆盆子粥

（1）材料：粳米、覆盆子、蜂蜜。

（2）做法：将粳米淘洗干净，用冷水浸泡半小时，捞出，沥干水分；将覆盆子洗净，用干净的纱布包好，扎紧袋口；然后取锅放入冷水、覆盆子，煮沸后约15分钟；再拣去覆盆子，加入粳米，用旺火煮开后改小火煮至粥成，下入蜂蜜调匀即可。

覆盆子热红酒

（1）材料：覆盆子、丁香、柑橘、桂皮、红酒、白糖、迷迭香。

（2）做法：覆盆子洗净备用。将丁香均匀地插在柑橘上，然后将柑橘切成两半。锅中放入柑橘、桂皮、覆盆子，倒入整瓶红酒小火慢煮。放入适量白糖搅匀；最后放入迷迭香煮开约1分钟离火，盛出即可。

五、食用注意

（1）肾虚及大、小便短涩者慎食。

（2）覆盆子有助热作用，热性症状者慎用。

（3）小便不利者勿食用。

传说故事

朱元璋与覆盆子

据传，一次朱元璋的起义军和陈友谅对峙，朱元璋不幸受伤败退。无奈之下，朱元璋只身逃亡到德兴，躲进深山里慢慢给自己疗伤。严重的伤势需要长时间的治疗，如何在山林里生存是个棘手的问题。所幸，出身贫苦的朱元璋对野外生存颇有技巧，加之时至春末夏初，山林里多的是初熟的野果，偶尔也可猎获山鸡、野兔，朱元璋在山林中的生活倒也逍遥。但他心里明白，多年来郁积的伤痛并发，随时威胁着自己的生命。此时他已有尿血的症状，必须尽快找到合用的药材自救，否则生命危在旦夕。

为了寻到救命的食物和药物，朱元璋不断往深山里探寻。忽然，他看到了一片鲜亮的果子倚在树旁，朱元璋心里一阵狂喜，越往深山里走，这样的野果就越是随手可得，很快便成了朱元璋藏身深山时的一道主食。

朱元璋在深山里一待竟是大半年，饿了就吃那各色野果，渴了就喝山中的泉水，身体竟恢复迅速，尿血的症状也消失了！一日，朱元璋临溪观照，原来的花白头发已消失不见了，代之以满头的青丝。

救了朱元璋一命的绿黄色野果，就是掌叶覆盆子。

托盘

雨后荼蘼将结局，风前芍药正催妆。
道人不管春深浅，赢得山中岁月长。

——《荼蘼》（宋）王庵僧

一、物种本源

拉丁文名称，种属名

托盘，学名为牛叠肚（*Rubus crataegifolius* Bge.），又称山楂叶悬钩子，为蔷薇科悬钩子属直立灌木植物托盘的果实。

形态特征

托盘的植株为直立灌木，高为1~2米；枝具沟棱，有微弯皮刺。单叶，卵形至长卵形，开花枝上的叶稍小，花数朵簇生或成短总状花序，

托盘植株

常顶生；花梗柔毛；花瓣椭圆形或长圆形，白色，果实近球形，直径约为1厘米，暗红色，无毛，有光泽；核具皱纹。花期为5~6月，果期为7~9月。

习性，生长环境

托盘的植株耐贫瘠，适应性强，属阳性植物；生长于海拔300~2500米的向阳山坡灌木丛中或林缘，常在山沟、路边成群生长。在中国分布于黑龙江、辽宁、吉林、河北、河南、山西和山东等地。

二、营养及成分

每100克托盘部分营养成分见下表所列。

碳水化合物	10.4克
蛋白质	1.1克
有机酸	0.4克
脂肪	0.4克
维生素C	32.2毫克

三、食材功能

性味 味酸、甘，性平。

归经 归肝、肾经。

功能

（1）托盘含有不饱和脂肪酸，可促进前列腺激素的分泌。

（2）托盘中天然超氧化物歧化酶含量很高，维生素E的含量也很丰富，经常食用可抗衰老，提高免疫力，具有美容养颜和延年益寿的功效。

四、烹饪与加工

托盘果酱

（1）材料：托盘、白砂糖、柠檬、葡萄糖浆。

（2）做法：把托盘清洗干净，摘掉果蒂。撒上白砂糖后搅拌均匀，加清水用小火慢慢熬煮。熬煮过程中撇去产生的浮沫，熬煮到果酱渐渐浓稠的时候加一大勺葡萄糖浆，再挤入半个柠檬的柠檬汁，熬煮到果酱的凝结点时关火，放凉装瓶即可食用。

托盘粥

（1）材料：托盘、大米、冰糖。

（2）做法：将大米洗净，浸泡30分钟，托盘洗净备用。大米入锅，加水煮至变浓稠时，下托盘再煮2分钟左右，加适量冰糖调味即可食用。

五、食用注意

（1）肾虚有火、血燥血少、小便不利者不易食用。

（2）怀孕初期的女性不可食用。

传说故事

托盘来历的传说

相传在很久以前，有位老人上山砍柴。时近中午，老人口渴异常，他发现山坡上有种植物，结了许多绿色的果实，气味清香。他从未见过这种果实，便摘了一颗尝尝，味甘而酸，十分可口，于是他又摘了些果实吃下以解渴。老人原有尿频不适，尤其到晚间，频频起夜。自从吃了这种野果后，老人意外发现尿频明显减少，夜里只小便一次，而且精力也比以前充足，好像年轻了许多。他将这一果实的神奇效果告诉村中的其他老者，他们纷纷上山采摘服之，亦有不错的效果。这样一传十，十传百，越来越多的人将这种果实作为补肝益肾的药物了，它就是托盘。

樱桃

独绕樱桃树，酒醒喉肺干。
莫除枝上露，从向口中传。

——《樱桃》（北宋）苏轼

一、物种本源

拉丁文名称，种属名

樱桃（*Prunus pseudocerasus* Lindl.），为蔷薇科李属乔木植物樱桃的果实，别名莺桃、英桃等。目前，世界上主要栽培的樱桃品种有中国樱桃、欧洲酸樱桃、大樱桃和毛樱桃等。

形态特征

樱桃植株为乔木，高为2~6米，树皮灰白色。小枝灰褐色，嫩枝绿色，无毛或被疏柔毛。叶片卵形或长圆状卵形，长为5~12厘米，宽为3~5厘米，先端渐尖或尾状渐尖，基部圆形，上面暗绿色，近无毛，下面淡绿色，沿脉或脉间有稀疏柔毛。花瓣白色，卵圆形。核果近球形，红色。花期为3~4月，果期为5~6月。

樱桃植株

习性，生长环境

樱桃果树喜光、喜温、喜湿、喜肥，适合气温在10～12℃，年降水量在600～700毫米，年日照时数在2600～2800小时的气候条件下生长。日平均气温高于10℃的时间在150～200天，冬季极端最低温度不低于−20℃的地方都能生长良好，正常结果。世界上樱桃主要分布在美洲、大洋洲、欧洲等地，樱桃在我国主要产区有山东烟台、辽宁大连、河北秦皇岛以及新疆的塔城、阿克苏等地。

二、营养及成分

樱桃维生素A含量比葡萄、苹果、橘子多4～5倍，胡萝卜素含量比葡萄、苹果、橘子多4～5倍。此外，铁的含量较高，每百克樱桃中含铁量高达59毫克，居于水果首位。樱桃中还含有维生素B、维生素C以及柠檬酸、酒石酸、胡萝卜素、磷等营养元素。每100克樱桃部分营养成分见下表所列。

碳水化合物	14.4克
糖	8克
蛋白质	1.4克

三、食材功能

性味 味甘，性温。

归经 归脾、胃、肾经。

功能

（1）樱桃中含有丰富的原花青素、花色素及维生素E等活性成分，是一种天然的抗氧化剂。此外，樱桃可用于预防和辅助治疗冻疮，改善微循环。

（2）樱桃有助于降低心脑血管病的风险，其中的花色苷有使动脉松弛的作用，可减少心血管疾病的发生。

（3）樱桃富含丰富的花青素，其对视网膜黄斑以及“视紫质”等疾病有辅助治疗作用。另外，花色苷可以降低糖尿病视网膜病变的发生。

四、烹饪与加工

糖水樱桃

（1）材料：樱桃、盐、白糖。

（2）做法：将樱桃先用水冲干净，然后放入盆中倒入清水没过樱桃，再撒一点盐将樱桃泡10分钟后捞出，用清水冲干净。将白糖放入一碗清水中化开备用。之后将樱桃去核，再将去核后的樱桃放入容器中，放入白糖（白糖的量使每颗樱桃都沾上即可）拌匀，盖上盖子腌渍2个小时。再将预备好的糖水浇上去，放入冰箱冷藏即可食用。

冰冻樱桃

（1）材料：樱桃、白糖。

（2）做法：先将樱桃去蒂洗净控干水后，取一个保鲜盒铺入一层樱桃，在上面撒上一层白糖；之后再铺入一层樱桃，再撒一层白糖直至保鲜盒满为止；最后盖上密封放入冰箱冷冻。

樱桃啤酒

以大麦芽、啤酒酵母、啤酒花和樱桃汁等为主要原料酿制樱桃啤酒，此酒有着独特的风味，口感更佳。

五、食用注意

（1）樱桃性温，不宜多食、常食、久食。

（2）热性病及火旺者忌食。

（3）糖尿病患者忌食。

（4）樱桃是易产生过敏的水果，过敏者尤其要注意。

传说故事

汉明帝朝樱桃“红”

班固等编纂的《东观汉记》有一则关于樱桃“红”的故事：汉明帝于一个初夏的月夜在园中宴饮群臣，适逢有人进献新熟的樱桃，明帝赐群臣品尝。侍者用赤瑛盘端上，月光下看去，晶莹如玉的鲜红樱桃与红色的盘浑然一色，百官皆笑，以为侍者端着的是空盘。

唐朝奢侈事件

五代的《唐摭言》中记载，唐乾符四年（877），丞相刘邺的次子刘谭中了进士，家中还没有商量好怎么请客，刘谭就自作主张预订了几十棵树上的樱桃。在当时，许多权贵们尚未尝到新鲜樱桃，他家的宴席上却堆满了樱桃，任客人们随意取食，并且榨成樱桃汁，在临别时分赠每位客人一小罐儿，其破费何止千金，可谓唐代一次著名的奢侈事件。

李子

嘉李繁相倚，园林澹泊春。
齐纨剪衣薄，吴纶下机新。
色与晴光乱，香和露气匀。
望中皆玉树，环堵不为贫。

——《李花》（北宋）司马光

一、物种本源

拉丁文名称，种属名

李子，学名为李（*Prunus salicina* Lindl.），为蔷薇科李属落叶乔木植物李树的果实，又名李实、嘉庆子、嘉应子、居陵迦等。

形态特征

李树为落叶乔木，高为9~12米；树冠广圆形，树皮灰褐色，起伏不平。叶片长圆倒卵形、长椭圆形，稀长圆卵形，长为6~12厘米，宽为3~5厘米。花通常3朵并生；花梗1~2厘米，通常无毛；核果球形、卵球形或近圆锥形，直径为3.5~5厘米，栽培品种可达7厘米，黄色或红色，有时为绿色或紫色，梗凹陷人，顶端微尖，基部有纵沟，外被蜡粉；核卵圆形或长圆形，有皱纹。花期为4月，果期为7~8月。

习性，生长环境

李树一般生于海拔400~2600米的山坡灌丛中、山谷疏林中或水边、沟底、路旁等处；对气候的适应性强，对土壤要求低，只要土层较深，有一定的肥力，不论何种土质都可以生长；对空气和土壤湿度要求较高，极不耐积水；宜在土质疏松、土壤透气和排水良好、土层深和地下水位较低的地方生长。我国各省及世界各地均有栽培李树，为重要温带果树之一。

二、营养及成分

据测定，李子含有胡萝卜素、维生素B_1、维生素B_2、维生素B_3、维生素C，钙、磷、铁、钾、钠、镁等元素，还含有天门冬素、多种氨基酸及γ-氨基丁酸等。此外，还含有李苷、苦杏仁苷等。每100克李子部分营养成分见下表所列。

碳水化合物	8.8克
膳食纤维	1克
蛋白质	0.5克
脂肪	0.2克

三、食材功能

性味 味甘、酸，性凉。

归经 归肝、肾经。

李子植株

功能

（1）李子适于阴虚发热、骨节间劳热、牙痛、消渴、祛痰、白带、心烦、小儿丹毒及疮、跌打损伤、瘀血、骨痛、大便燥结、妇女小腹肿满及水肿等症的食疗，还可用于除雀斑及解蝎毒。

（2）研究表明，李子含有的田基黄苷对各种肝炎和肝硬化均有较好的辅助治疗作用。而且，李子还能促进胃酸和胃消化酶的分泌，增强肠的蠕动，因此具有促进消化、排便的功能。

（3）李子含有多种维生素和钾、钙等，对治疗贫血、低钾症有一定的辅助作用。李子适量食用，可预防与肥胖有关的糖尿病和心血管疾病。

（4）从李子果皮中提取的红色素及黑色素比合成色素更为健康，可用作食品、药品和化妆品等产品的重要添加剂。

四、烹饪与加工

冰糖蒸李子

（1）材料：李子、冰糖、盐。

（2）做法：李子用淡盐水泡半个小时左右，洗净，去核切成块。放入盆中，加入冰糖和水；盆放入蒸锅中，大火蒸18分钟左右即可。蒸好的李子放凉后即可食用。

李子炒猪大肠

（1）材料：猪大肠、李子、盐、面粉、姜、辣椒、食用油、酱油、醋、料酒、鸡精、淀粉。

（2）做法：将李子拍扁备用。猪大肠加盐和面粉反复搓洗，处理干净；之后，猪大肠焯水，切断，沥干水分备用。姜、辣椒放油锅爆炒，然后放入猪大肠翻炒。待水分炒干放入李子加适量盐翻炒，随后加酱油、醋、料酒、鸡精、水淀粉，收汁后即可以出锅。

李子饮料

利用现代的食品加工技术，把李子做成饮料，让传统的李子手工饮料得到升华，可以有更长的保质期，风味更佳。

李子酒

通过现代工艺进行发酵，李子得到更深入的加工，酿出的李子酒的营养价值更高。

五、食用注意

(1) 李子性寒，易助湿生痰，不宜多食。

(2) 脾、胃虚弱、消化不良者应少食，否则会引起腹泻。

(3) 苦涩的李子不能食用。

传说故事

王戎与李子的典故

王戎的成名是因为李子。

六七岁的王戎和小伙伴在一块玩耍，众人看见路边有一棵李子树纷纷去摘，可是王戎却没有去。有人问他怎么不去，王戎说生长在路边的李子树，结这么多果子，肯定是苦的。众人都不信，但尝过李子后果然是苦的，纷纷称赞王戎。这件事让王戎成了名人，皇帝都听说了他才智不凡。

长大后的王戎走上了仕途，位列高官，拿着高薪，家底雄厚。王戎是很爱吃李子的，在自己家种了很多李子树。果子成熟后，他没有分给亲戚朋友、周围四邻品尝，而是利用自己的名人效应卖李子。他种的李子确实很好吃，很多人都来买。但是小气的王戎怕别人用自己的李子核种出好吃的李子，于是在卖李子之前，用铁锥把每一个李子核扎破，这样一来别人就无法获得完整的种子了。可是要在每个李子核上扎洞，这可是一个艰巨的任务啊。于是王戎动员全家，白天黑夜不停地扎李子，惹得世人笑话。

杏

开花送余寒，结子及新火。
关中幸无梅，汝强充鼎和。

——《杏》（北宋）
苏轼

一、物种本源

拉丁文名称，种属名

杏（*Prunus armeniaca* L.），为蔷薇科李属落叶乔木植物杏树的果实，又名杏子、甜梅、叭达杏、杏实等。

形态特征

杏树的果实为球形，稀倒卵形，直径为2.5厘米以上，呈白色、黄色至黄红色，常具红晕，微被短柔毛；果肉多汁，成熟时不开裂；核卵形或椭圆形，两侧扁平，顶端圆钝，基部对称，稀不对称，表面稍粗糙或平滑，腹棱较圆；种仁味苦或甜。花期为3~4月，果期为6~7月。

习性，生长环境

杏树为阳性树种，适应性强，深根性，喜光，耐旱，抗寒，抗风，寿命可达百年以上，为低山丘陵地带的主要栽培果树。我国分布范围大体以秦岭—淮河为界，长江流域较少见。而在我国北方分布极为广泛，西北、华北和东北各省产出最多。

二、营养及成分

经测定，杏果实含有丰富的叶绿素、花青素、酚酸、黄酮醇、黄烷醇、柠檬酸、苹果酸、番茄烃以及钙、磷、铁、锌等元素，其中胡萝卜素为鲜果中最多，达到0.45毫克/100克。每100克杏部分营养成分见下表所列。

糖类物质	5.5~17.7克
膳食纤维	1.4克

蛋白质	0.9克
钙	26毫克
磷	24毫克
抗坏血酸（VC）	7毫克

三、食材功能

性味 味甘、酸，性温、有小毒。

归经 归肺、大肠经

功能

（1）杏子的功效为生津止渴，适用于津液亏损、烦渴口干、咳嗽、痰多者食用。此外，青杏的果肉有益于痢疾的食疗助康复。

杏植株

（2）杏中的多酚和黄酮有着清除超氧阴离子自由基、还原力、清除DPPH自由基、清除羟基自由基等方面的抗氧化作用。

四、烹饪与加工

杏子煲鸡

（1）材料：整鸡、鸡清汤、葱、杏子、姜、料酒、盐、白糖、胡椒粉。

（2）做法：鸡去掉头颈，背脊开膛，去内脏，洗净；葱切段；姜切片。把鸡块、杏子、葱、姜放入大汤钵内，加入鸡清汤、料酒、盐、白糖、胡椒粉，隔水蒸，蒸烂后取出，拣去姜、葱，撇去浮油，调好口味即成。

冰极煎鲜杏

（1）材料：杏子、淀粉、食用油、白糖（冰糖）。

（2）做法：杏先拿小刀去皮，切成小块之后均匀黏上生淀粉防止杏子出水。锅中倒入食用油，保持低油温，放入杏子炸好捞出。锅里重新加油，放白糖（冰糖更好），等糖熬至黏稠放入炸好的杏子，翻炒几下，确保每个杏子都黏上糖。取出装盘，盖上保鲜膜放入冰箱冷藏2~3小时，也可以放到冰箱冷冻室10分钟左右，表面结霜即可食用。

杏果酒

杏果酒是利用现代的食品加工工艺，以杏浆或杏渣为原料，经酵母发酵酿制而成的一类低度酒精饮料，其营养价值丰富，风味独特。

杏果汁

利用现代的食品加工技术，经破碎、打浆、浓缩、杀菌等工艺制成浓缩的杏果汁，是对过去的手工杏果汁进行升级，使其更易于人们食用，风味更佳。纯正的杏汁具有香气浓郁、口感清爽、风味独特的特点。

五、食用注意

(1) 鲜杏不宜多食，免伤脾胃。

(2) 杏甘甜性温，易致热生疮，平素有内热者慎食。

传说故事

李广杏的传说

水果之乡敦煌，尤其盛产甜杏，又称“李广杏”。传说飞将军李广领兵出击匈奴，正当盛夏时节，军队迷了路，在茫茫戈壁滩上，找不到一滴水，李广万分焦急。正在这时，李广看见两匹锦缎，顺风飘来一股馥郁的杏香。原来，这是一片杏树林，刚好杏子熟了。

将士们喜笑颜开，垂涎三尺，忙摘杏解渴。送到嘴里一咬，“哇”的一声吐了出来。此杏皮厚肉薄，苦似黄连。李广愤懑地抽出宝剑，对着杏树就砍，兵士们也挥戈砍树解气。霎时，苦杏树枝倒下了一片。大家精疲力竭，纷纷倒在地上。

原来，李广看见的那两匹锦缎，是甜杏仙子与苦杏仙子。苦杏仙子落地，悲痛伤心。夜深人静，甜杏仙子来寻妹妹。一见面，苦杏仙子一头扎到她的怀里，像一个受委屈的孩子。“不要紧，明天我让大家感谢你。”“兵士们不是砍倒了许多树枝吗？咱们就来个移花接木，让你的苦树枝上结出甜杏来。”苦杏仙子把衣袖轻轻一挥，吹来阵阵清风，那结满苦杏的枝条随风飘上天空，地上留下无数树桩。甜杏仙子拿出一根光彩夺目的银针，顺手一抛，化作无数银锥，落在秃树桩上刺了小洞；她又拿出一棵杏枝，迎风一晃，抛在半空，化作无数条杏枝，插进了银锥刺的小洞里。那些插在树桩上的小杏枝，迅速长成了大树，结满了黄杏。

天亮了，士兵们起身。一望杏林，疑团顿生。昨天砍秃的树枝上又长了新枝条，一股股浓烈的甜香味扑鼻而来。李广疑惑地摘杏细看：此杏黄中透白，晶亮鲜润。放在鼻上一闻，根本不像昨天的苦杏。他把杏放在嘴边啃了一点，嘿！果然是甜的。李广兴奋地举杏大喊：“甜的，特甜，快吃吧！”

兵士们听将军说杏是甜的，喜出望外，纷纷摘杏吃下肚去，痛痛快快吃了一顿，又解渴，又充饥，又解乏。直到现在，想吃又甜又香的李广杏，必须用原枝条嫁接。若用杏核作种子，长出的树结的杏还是又苦又涩的。

桃子

禁苑春晖丽，花蹊绮树妆。
缀条深浅色，点露参差光。
向日分千笑，迎风共一香。
如何仙岭侧，独秀隐遥芳。

——《咏桃》（唐）李世民

一、物种本源

拉丁文名称，种属名

桃子，学名为桃（*Prunus persica* L.），为蔷薇科李属乔木植物桃树的果实，又名桃实、毛桃、蜜桃、白桃、红桃等。

形态特征

桃树是一种落叶小乔木植株，高为3~8米；树冠宽广而平展，树皮暗红褐色。果实形状和大小均有变异，呈卵形、宽椭圆形或扁圆形，直径为5~7厘米，色泽变化由淡绿白色至橙黄色，果肉有白色、浅绿白色、黄色、橙黄色或红色，多汁有香味，甜或酸甜；核大，离核或黏核，椭圆形或近圆形，种仁味苦，稀味甜。花期为3~4月，果实成熟期因品种而异，通常为8~9月。

桃子植株

习性，生长环境

桃树是喜冷凉温和气候的温带果树，具有一定的抗寒能力，一般休眠期能耐–25～–22℃的低温，不同品种具有较大的差异。桃原产海拔高、日照长的地区，形成了喜光的特性。一般年日照时数在1200～1800小时即可满足生长发育的需要。桃树耐旱忌涝，根系好氧，适宜疏松、排水通畅的沙质土壤，对土壤肥力要求不严。主要经济栽培地区在我国华北、华东各省，较为集中的地区有北京海淀区、平谷区，陕西、西安、宝鸡，浙江奉化，上海南汇，江苏无锡、徐州等地区。

二、营养及成分

经测定，桃含胡萝卜素、烟酸、维生素B_1、维生素B_2、维生素C和钾、钠、钙、磷、铁等微量元素。每100克桃子部分营养成分见下表所列。

碳水化合物	9.5克
膳食纤维	1.5克
蛋白质	0.9克
脂肪	0.2克

三、食材功能

性味 味甘、酸，性温。

归经 归肺、肝、大肠经。

功能

（1）桃为五果之一，为入肺之果，肺病宜食之，并有行瘀通便、补中益气、生津止渴之功效。

（2）桃仁的水提物含有多种营养成分和生物活性物质，能预防肝纤维化的形成，对肝脏的过氧化损伤也有较好的防护作用。

（3）桃仁水提物对机体的免疫功能有良好的增强作用。

四、烹饪与加工

蜜桃干片

（1）材料：桃子、蜂蜜、白糖。

（2）做法：将桃子洗净，剖成两半去核后晒干；将晒好的桃干与蜂蜜、白糖拌匀放入瓷盆，隔水中火蒸2小时；蒸好后冷却，装瓶备用。温开水冲淡饮用，效果最佳。

炸桃片

（1）材料：桃子、白糖、鸡蛋、牛奶、面粉、香草粉、花生油。

（2）做法：将桃洗净，削皮去核，劈成片状，放入碗内，加白糖腌制；把鸡蛋分离蛋黄、蛋清；将牛奶、蛋黄、面粉、香草粉、白糖一起放入盆中，加适量清水，搅拌成糊状；将蛋清打泡倒入牛奶糊内，再次搅拌均匀；将锅中花生油烧热，把桃片沾牛奶糊油锅中炸至熟透，呈黄色时捞起，装入盘内，趁热撒上糖即成。本品具有养胃生津、滋阴润燥的功效。

红酒炖桃子

（1）材料：桃子、红酒、薄荷叶、柠檬汁。

（2）做法：将桃子去皮切片，锅里倒入红酒和少量清水，没过桃片即可，再放入少量薄荷叶和柠檬汁。大火熬煮，让红酒浸入桃子内心，稍微冷却即可食用。本品具有生津和活血的功效。

糖水黄桃罐头

其主要加工过程为：黄桃经过预处理→装罐及加罐液→排气→密封→杀菌→冷却。

桃汁

新鲜的桃果经加热打浆榨出果汁，桃子不仅肉质致密、甘甜多汁，营养成分也很丰富，是缺铁性贫血病人的理想食物。

五、食用注意

（1）食用鳖肉及服中药白术时不宜食用。

（2）服对乙酰氨基酚片、阿司匹林、布洛芬等药物时不宜食用。

（3）服用糖皮质激素类药物时不宜食用。

传说故事

桃　符

古时人们称桃为五木之精的仙品，所以很多民俗中都有桃的元素。相传东海度朔山的大桃树下，有神荼与郁垒二神，能吞食百魔。故农历正月初一，在桃木板上画二神挂门前，称之为辟邪的桃符，后演变为春联。

蟠桃

紫府群仙名籍秘。五色斑龙，暂降人间世。
海变桑田都不记。蟠桃一熟三千岁。
露滴彩旌云绕袂。谁信壶中，别有笙歌地。
门外落花随水逝，相看莫惜尊前醉。

——《蝶恋花》（北宋）晏殊

一、物种本源

拉丁文名称，种属名

蟠桃（*Prunus persica*‘*Compressa.*’）是桃的变种，为蔷薇科李属落叶乔木植物蟠桃的果实，又称仙果、寿桃等。

形态特征

蟠桃树为乔木，高为3～8米，树冠宽广而平展，树皮暗红褐色，老时粗糙呈鳞片状，叶片呈长圆披针形、椭圆披针形或倒卵状披针形，长为7～15厘米，宽为2～3.5厘米，先端渐尖，基部宽楔形。花单生，先于叶开放，直径为2.5～3.5厘米；花瓣长圆状椭圆形至宽倒卵形，粉红色，罕为白色。果实形状和大小均有变异，卵形、宽椭圆形或扁圆形，直径为5～7厘米，长几乎与宽相等，色泽变化由淡绿白色至橙黄色，常在向阳面具红晕；果肉有白色、浅绿白色、黄色、橙黄色或红色，多汁有香味，甜或酸甜；核大，离核或黏核，椭圆形或近圆形；种仁味苦，稀味甜。花期3～4月，果实成熟期因品种而异，通常为8～9月。

习性，生长环境

蟠桃树喜温、喜光，喜生长于雨水充足之地。新疆是蟠桃的原产地，蟠桃在新疆、山东、河北、陕西、山西、甘肃等地区均有栽培。

二、营养及成分

蟠桃的营养既丰富又均衡，含有蛋白质、脂肪、维生素B、维生素C、钙、磷、铁等成分，另外胡萝卜素、硫胺素等营养元素也很丰富，柠檬酸、苹果酸等有机物含量也较多。每100克蟠桃部分营养成分见下表所列。

碳水化合物	11克
蛋白质	0.9克
脂肪	0.1克

三、食材功能

性味 味甘、酸，性温。

归经 归肺、肝、大肠经。

功能

（1）蟠桃为入肺之果，肺病宜食之，并有行瘀通便、补中益气、生津止渴之功效。

（2）蟠桃中的黄酮具有一定的抗氧化作用，能缓解皮肤的衰老，同时也可促进皮肤细胞的新陈代谢及细胞再生，有美容养颜的功效。

（3）蟠桃中含铁量较高，在水果中几乎据居首位，故吃蟠桃能防治贫血。蟠桃富含果胶，经常食用可预防便秘。

蟠桃植株

四、烹饪与加工

蟠桃糖水罐头

（1）材料：蟠桃、老冰糖、柠檬汁。

（2）做法：将洗好的蟠桃沥水，削好成块状，放入适量老冰糖；加水，撇去浮沫；大火烧开后，加入柠檬汁，转小火煮4分钟；关火，放凉；放置冰箱冷藏4小时就可食用。

蜂蜜蟠桃汁

（1）材料：蟠桃、蜂蜜。

（2）做法：将蟠桃榨汁，之后冷藏15分钟，取出后淋上蜂蜜食用即可。

蟠桃果汁饮料

通过现代化的果汁饮料的工艺流程，蟠桃可进行深加工，做成蟠桃汁饮料，其营养丰富，风味独特。

蟠桃凝固型酸奶

利用现代化的微生物发酵技术，将凝固型酸奶和蟠桃相结合，制作成具有更高营养价值的食品。

五、食用注意

（1）未成熟的蟠桃不能吃，否则会引起腹胀等症状。

（2）蟠桃味甘而性温，过量食之则生热。

传说故事

孙悟空与蟠桃

西王母是中国西方昆仑山居住的仙女，每年农历七月十八为瑶池的西王母圣诞。王母娘娘的蟠桃园有三千六百株桃树。前面一千二百株，花果微小，三千年一熟，人吃了得道成仙；中间一千二百株，六千年一熟，人吃了霞举飞升，长生不老；后面一千二百株，紫纹细核，九千年一熟，人吃了与天地齐寿，日月同庚。

孙悟空偷吃蟠桃的故事为人们品桃倍添韵味。民间，人们用桃来祈福，把寿团称为寿桃，寿宴中总少不了它。在传统的年画中，寿桃更是表现内容，如桃与灵芝称仙寿、桃与蝙蝠称为福寿，多见于《蟠桃献寿图》，寄寓延年益寿。桃子，总与仙、寿连在一起，缘于它有丰富的营养价值。

“仙果”蟠桃

传说周穆王路过昆仑山，曾受到西王母的款待，并在瑶池上饮酒赋诗，盘桓多日。后来，周穆王再次途经昆仑山，四处寻找瑶池蟠桃园，却怎么也找不见，只好恋恋不舍离去。

据《汉武帝内传》中记载：“元封六年四月，西王母曾与汉武帝相会，送给汉武帝四个蟠桃，汉武帝吃后只觉通体舒泰，齿根生香，便想在皇宫花园栽种。”西王母告知：“中夏地薄，蟠桃种之不生。”此后，汉武帝贪恋蟠桃美味，曾三次派大臣东方朔长途跋涉，西上昆仑，偷来蟠桃。汉武帝还把吃过的桃核，一个个谨慎地收藏起来，一直传到明代。

梅子

天赐胭脂一抹腮，盘中磊落笛中哀。
虽然未得和羹便，曾与将军止渴来。

——《梅》（唐）罗隐

一、物种本源

拉丁文名称，种属名

梅子，学名为梅（*Prunus mume* Siebold & Zucc.），为蔷薇科李属小乔木或稀灌木植物梅树的果实，又称梅、青梅、梅实、酸梅。

形态特征

梅树为小乔木，稀灌木；小枝绿色，光滑无毛。叶片卵形或椭圆形，长为4~8厘米，宽为2.5~5厘米。花单生或有时2朵同生于1芽内，香味浓，先于叶开放。果实近球形，黄色或绿白色，被柔毛，味酸；果肉与核黏贴；核椭圆形，顶端圆形而有小突尖头，腹面和背棱上均有明显纵沟，表面具蜂窝状孔穴。花期冬春季，果期为5~6月（在华北果期延至7~8月）。

习性，生长环境

梅树喜欢温暖的气候条件，对土壤要求不严格，不论平原与山地，偏酸、偏碱地均可种植，但要求土层较深厚，土质疏松，排水良好，坡度在30°以下的丘陵山坡地最适宜栽培。梅子分布地域范围较广，在广东、台湾、广西、福建、浙江、云南、江苏、安徽等地区有栽培种或野生种分布。

二、营养及成分

据测定，梅子中含有丰富的维生素及矿物质，如维生素A、维生素B_2、维生素B_6、维生素C、维生素E、维生素K等。此外，梅子的柠檬酸含量极高，占梅子有机酸含量的85%以上。蛋白质含量更是草莓、柑橘的2倍以上，可以说梅子营养成分极为丰富，是一种绝佳的保健水果。每

100克梅子部分营养成分见下表所列。

碳水化合物	11.4克
总糖	9.9克
总酸	6.4克
粗纤维	2克
膳食纤维	1.4克

三、食材功能

性味 味甘酸，性温。

归经 归肺、心、肾经。

功能

（1）梅子能促进唾液腺分泌更多的腮腺素，腮腺素是一种内分泌

梅子植株

素，它可以促进全身组织和血管趋于年轻化，保持新陈代谢的节律，使人脸色红润，有美肌、美发之功效。

（2）梅子具有显著的整肠作用，有促进肠蠕动，同时又促进收缩肠壁的作用；其酸味能刺激唾液腺、胃腺等分泌消化液，促进消化，滋润肠胃，改善肠胃功能，并促进肠道的吸收。

（3）梅子所含的丙酮酸和齐墩果酸等活性物质对肝脏有保护作用，能提高肝脏的解毒功能。

四、烹饪与加工

梅子小排

（1）材料：排骨、梅子、红椒、葱、糖、腌肉料、食用油、盐。

（2）做法：将排骨斩成大块，梅子压烂，涂在近骨一面，再加上腌肉料腌制一个小时。然后，放入滚油中炸两分钟盛起，再复炸一次。红椒、葱一同切丝备用。烧热锅，下食用油两勺，加入糖慢火至溶化，放入排骨、盐加盖焖两分钟，拌匀后煮至汁浓加入红椒丝、葱丝即可。

梅子番茄

（1）材料：梅子汁、小番茄。

（2）做法：把梅子汁放入容器内，放凉备用。小番茄洗净，去蒂头，番茄底部用刀切“十”字（不用划太深）；煮热水，水滚后随即关火，此时将小番茄倒入锅中，约50秒后把小番茄捞起；捞起的小番茄随即放入冰水浸泡。待热气散去后，从底部画“十”字部位的地方开始剥皮，剥皮后的小番茄浸入已放凉的梅子汁，盖上盖子冰箱冷藏，7个小时后就可以享用。

梅子酒

（1）材料：梅子、冰糖、米酒。

（2）做法：新鲜梅子（8～9成熟）、冰糖、米酒按照1：0.8：1的比例准备。先将梅子用清水洗净，晾干备用；选择密封的广口玻璃瓶，洗净、消毒晾干后依次加入梅子、覆盖果面的冰糖，最后加入米酒密封。放置阴凉避光处存放3个月，梅子酒便可以饮用了。

五、食用注意

（1）梅子具有较强的酸敛性，内有实热积滞者不宜食用。

（2）溃疡病及胃酸过多的人忌食梅子。

传说故事

望梅止渴的故事

东汉末年，曹操率领部队去讨伐张绣，天气热得出奇，骄阳似火，天上一丝云彩也没有，部队在弯弯曲曲的山道上行走，让人透不过气来。到了中午时分，士兵的衣服都湿透了，行军的速度也慢了下来，有几个体弱的士兵竟晕倒在路边。

曹操看行军的速度越来越慢，担心贻误战机，心里很是着急。可是，眼下几万人马连水都喝不上，又怎么能加快速度呢？他立刻叫来向导，悄悄问他："这附近可有水源？"向导摇摇头说："泉水在山谷的那一边，要绕道过去，还有很远的路程。"曹操想了一下说，"不行，时间来不及。"他看了看前边的树林，沉思了一会儿，对向导说："你什么也别说，我来想办法。"他知道此刻即使下命令要求部队加快速度也无济于事。脑筋一转，办法来了，他一夹马肚子，快速赶到队伍前面，用马鞭指着前方说："士兵们，我知道前面有一大片梅林，那里的梅子又大又好吃，我们快点赶路，绕过这个山丘就到梅林了！"士兵们一听，仿佛已经吃到了梅子，精神大振，步伐不由得加快了许多。

草莓

幽幽雅雅若卿卿，碧玉嫣红百媚生。
不羡高枝犹自爱，春风吹处果盈盈。

——《咏草莓》佚名

一、物种本源

拉丁文名称，种属名

草莓（*Fragaria* × *ananassa* Duch.）是蔷薇科草莓属多年生草本植物草莓的果实，又被称为洋莓、洋莓果、野梅莓等。

形态特征

草莓的植株为多年生草本，茎长为10～40厘米，叶子较小，叶厚，呈菱形或椭圆形。草莓果实比较大，直径大约为3厘米，成熟果实呈鲜红色，果实为卵形。

习性，生长环境

草莓的植株喜温凉气候，根系生长温度为5～30℃，适温为15～22℃，茎叶生长适温为20～30℃，芽在−15～10℃易发生冻害，花芽分化期温度须保持在5～15℃，开花结果期为15～25℃。草莓越夏时，气温高于30℃并且日照强时，需采取遮阴措施。草莓宜生长于肥沃、疏松中性或微酸性壤土中，原产南美，中国各地及欧洲等地广为栽培。

草莓植株

二、营养及成分

草莓含有丰富的膳食维生素C、维生素A、维生素E、维生素B_1、维生素B_2、胡萝卜素、鞣酸、天冬氨酸、叶酸、铜、铁、钙、花青素等多种营养物质。每100克草莓部分营养成分见下表所列。

碳水化合物	5.7克
膳食植物纤维	1.4克
蛋白质	1克
脂肪	0.6克

三、食材功能

性味 味甘、酸，性凉。

归经 归脾、胃、肺经。

功能

（1）草莓可润肺生津、补血益气、凉血解毒，有助于肺燥伤津、气血不足、赤白下痢、月经失调、胸中脓血等症的治疗。

（2）草莓中的维生素C含量相比其他水果较高，维生素C在预防心脑血管疾病中能起到重要作用。

（3）草莓中的叶酸是一种B族维生素，可以被维生素C促进生成。当适当的叶酸被促进生成后，它可以参与血红蛋白以及重要的甲基化合物的相关反应，对贫血症的治疗有一定的辅助功效。

（4）草莓含有丰富的谷胱甘肽，可以提高免疫力。

（5）维生素C作为草莓中的重要营养成分之一能够促进胶原蛋白的合成，可以与其余体内的抗氧化剂一起结合，起到清除自由基的效果，进而滋润皮肤，使皮肤细腻又富有弹性。

四、烹饪与加工

糖炒草莓

（1）材料：草莓、糖。

（2）做法：将草莓用流水冲洗干净，随后晾干，也可以使用厨房用纸清拭、吸去表面存留的水分。随后在锅中加入半碗水，将糖放入，待糖慢慢化开后，加入已经晾晒后的草莓，慢慢翻炒，等草莓变软后，即可出锅。

草莓醋

草莓醋是以草莓、发酵粉、水为主材，利用现代发酵工艺发酵而成的饮品。

果脯

将草莓洗净，用糖腌渍，制成草莓蜜饯，可以作为小吃或者零食食用。

草莓干

将新鲜草莓晒干，制成草莓干，方便保存。

草莓果酒

将草莓浸泡在白酒中数月后可制成浸泡型果酒。

五、食用注意

尿路结石病人不宜食用过多草莓，因为草莓中含有草酸钙，食用过多不易于尿路结石病人的康复。

草莓的传说

相传很久很久以前，天上有九个太阳，发出的热量使大地赤地千里，草木不生，生灵涂炭。各路神仙纷纷奏本天宫灵霄宝殿的玉皇大帝。玉皇大帝得知此情，传玉旨命太白金星访寻神箭手，将九个太阳射落八个，只留一个供万物生长，吸收光和热。

这下可忙坏了太白金星，查遍了天、地、阴曹地府，好不容易在人间东海边五州县的射阳县找到一个名叫后羿的神箭手。于是太白金星化作一老叟，去找后羿。太白金星带着太上老君八卦炉中炼成的两颗长生不老丹，作为玉皇大帝对神箭手射阳成功的奖赏，并嘱托后羿丹药不可经他人之手。后羿不屑一顾，收下长生不老丹，装入箭壶，拈弓搭箭，嗖……连续八箭射落八个太阳，正准备射第九个太阳时，被太白金星拦住说：“上苍有旨在，不可全部射落，需留一个太阳供万物生长。”后羿二话没说，收弓箭归壶，回家梳洗，太白金星亦回天庭复旨。

嫦娥见后羿当天外出一无所获，心中大为不快，就查看后羿的箭壶，发觉箭少了八支，正要找后羿的麻烦。突然眼前一亮，在箭壶中发现两颗晶莹剔透、香气扑鼻又似果非果的东西。拿了一颗放入口中，还未来得及咀嚼品味，就滑溜溜滚入了腹中。再拿第二颗，刚送到嘴边，口还未张，嫦娥身子就飘然而起。嫦娥没拿稳第二颗丹药，其落入尘埃中不见了，而嫦娥在缥缈之中来到了月宫。落入尘埃的长生不老丹，顷刻发芽长叶、牵藤、结果。这果子便是我们今天见到的草莓，现在的草莓果外皮还留有当年嫦娥嘴边的口红印呢。

葡萄

金谷风露凉，绿珠醉初醒。
珠帐夜不收，月明堕清影。

——《葡萄》（唐）
唐彦谦

一、物种本源

拉丁文名称，种属名

葡萄（*Vitis vinifera* L.），为葡萄科葡萄属落叶木质藤本植物葡萄的果实，又名蒲桃、草龙珠、菩提子、山葫芦等。

形态特征

葡萄植株为落叶木质藤本植物。小枝圆柱形，有纵棱纹，无毛或被稀疏柔毛。卷须2叉分枝，每隔2节间断与叶对生。叶卵圆形，圆锥花序密集或疏散，基部分枝发达。果实为球形或椭圆形，直径为1.5~2厘

葡萄植株

米；种子倒卵椭圆形，顶短近圆形，基部有短喙，种脐在种子背面中部呈椭圆形，种脊微突出，腹面中棱脊突起，两侧洼穴宽沟状，向上达种子1/4处。花期为4～5月，果期为8～9月。

习性，生长环境

葡萄植株生长时所需最低气温为12℃，最低地温为10℃，花期最适温度为20℃左右，果实膨大期最适温度为20～30℃，如日夜温差大，着色及糖度较好。其对水分要求较高，葡萄在生长初期或营养生长期时需水量较多，生长后期或结果期根部较为衰弱需水较少。

葡萄原产亚洲西部，世界各地均有栽培，世界各地的葡萄约95%集中分布在北半球，中国主要产区007有安徽的萧县，新疆的吐鲁番、和田，山东的烟台，河北的张家口、昌黎等地。

二、营养及成分

据测定，葡萄含胡萝卜素、烟酸硫胺素、维生素A、维生素B_1、维生素B_2、维生素C，钾、钙、锌、镁、锰等矿物质元素。每100克葡萄部分营养成分见下表所列。

碳水化合物	10克
膳食纤维	1.6克
蛋白质	0.2克
脂肪	10毫克

三、食材功能

性味 味甘、酸，性平。

归经 归脾、肺、肾经。

功能

（1）可滋阴生律、补益气血、强筋骨、通淋，有助于热病伤阴、肝肾阴虚、腰腿酸软、神疲、风湿痹痛、小便不利、淋病、浮肿等症的康复。

（2）葡萄中含有大量具有抗氧化活性多酚类物质，其抗氧化作用要强于维生素C和维生素E，并具有较强的清除自由基和抗脂质过氧化的作用。

（3）葡萄中的单宁在光照下有强烈吸收紫外线的功能，吸收率为98%以上，对日晒性皮炎和各种色斑均有明显的辅助治愈的作用。

（4）研究人员发现，葡萄能有效阻止血栓形成，并能有效降低胆固醇和人体血清中总胆固醇的水平，降低胆固醇和血小板的数量和凝聚力，对于预防各种心脑血管系统疾病有一定的作用。

（5）葡萄能有效提高血浆中的白蛋白，降低血液中转氨酶，对大脑神经系统有增强兴奋的作用，对治疗乙型肝炎患者伴有的神经衰弱和精神疲劳等症状有显著的辅助作用。

四、烹饪与加工

银耳葡萄汤

（1）材料：葡萄、银耳、冰糖。

（2）做法：葡萄除梗，洗净去皮备用；将银耳摘成小朵放入锅中，加入适量的水、冰糖，当大火煮开后，再转小火煮20分钟后加入葡萄即可食用。此汤酸甜可口，生津润肺。

葡萄干芋圆

（1）材料：芋头、糯米粉、葡萄干、绵白糖、食用油。

（2）做法：将已煮熟的芋头剥皮放入大盆中，并捏成泥；接着，放入糯米粉、葡萄干和绵白糖和成团。之后，在蒸锅里垫上抹了食用油的铝箔纸，将面团搓成一个个大小差不多的圆球放入铝箔纸中。上锅大火蒸7~8分钟后即成。

葡萄干花生酥

（1）材料：熟花生、葡萄干、玉米油、鸡蛋、低筋面粉、糖粉、泡打粉、黑芝麻。

（2）做法：把熟花生压碎后和葡萄干一起放入玉米油和蛋清液中，搅拌均匀。将低筋面粉、糖粉、泡打粉过筛，搅拌均匀，再倒入刚刚准备好的熟花生碎和葡萄干，制成面团。揉圆压扁面团，切条，均匀涂抹蛋黄，撒适量黑芝麻放入烤箱（烤箱预热180℃），180℃烤15分钟即可。

葡萄酒

葡萄酒酿造有着悠久的历史，不同的葡萄品种，有着不同的葡萄酒生产工艺和条件，产品风格也各不相同。葡萄酒既保留了葡萄本身的营养和香气，在发酵过程中还产生了不同的发酵香气。

葡萄汁饮料

葡萄果肉压榨、过滤，可调配出葡萄汁饮料。葡萄汁中含有大量易于消化和吸收的糖分，还含有植物纤维以及矿质元素等。

葡萄干

将葡萄分成几个小串，然后直接铺晒于晒盘上，在烈日下暴晒一天，让其脱干水分。脱干的葡萄一串一串的挂在晾房里，并保持通风阴干。大约经过55天，葡萄就会被干热风吹晾成葡萄干。将葡萄干从晾干房里拿下来，堆放2~3周，使之干燥均匀，最后除去果梗即成。

五、食用注意

（1）服螺内酯片、氨苯蝶啶和补钾类药物时不宜食用。

（2）服磺胺类药物时不宜食用。

（3）Ⅱ型糖尿病人不宜食用。

传说故事

汉武帝为葡萄发兵

相传，当年张骞从西域回长安，向汉武帝报告了大宛国盛产葡萄。武帝大喜，马上遣使臣前去讨要，因大宛国对汉朝不甚了解，不但未答应，还杀了汉朝的使臣。消息传到长安，武帝勃然大怒，当天就派大将军李广利出征伐大宛。经过一场血战，终于把大宛葡萄带回汉宫。

从此，大宛葡萄便在我国扎根落户。唐代诗人李颀的《古从军行》记载了这一历史事件："年年战骨埋荒外，空见葡萄入汉家。"

吐鲁番葡萄的来历

当年唐僧师徒自印度取经回来，途经火焰山时，时值盛夏，骄阳当空，走得口干舌燥，正在无可奈何的时候，忽然发现了一条林木葱茏、溪水潺潺的山谷。师徒们便席地而坐，歇脚纳凉，饮着泉水，吃着从大宛国带来的葡萄。他们撒下的葡萄籽，后来就生根发芽，开花结果了，这便是吐鲁番葡萄的来历。

提子

葡萄美酒夜光杯，欲饮琵琶马上催。
醉卧沙场君莫笑，古来征战几人回？

——《凉州词》（唐）王翰

一、物种本源

拉丁文名称，种属名

提子，是葡萄（*Vitis vinifera* L.）的一种，为葡萄科葡萄属木质藤本植物葡萄的果实，又名美国葡萄、美国提子。

形态特征

提子果穗大，呈长圆锥形，平均穗重为650克，最大穗重可达2500克。果粒为圆形或卵圆形，平均粒重13克，最大可达23克，果粒松紧适度，整齐均匀；果皮中厚，果实呈深红色；果肉硬脆，能削成薄片，味甜可口，风味纯正，可溶性固形物大于16.5%。

习性，生长环境

提子生长时可耐最低气温为12℃，最低地温为10℃，花期最适温度

提子果实

为20℃左右，果实膨大期最适温度为20～30℃。提子在生长初期或营养生长期时需水量较多，生长后期或结果期，根部较为衰弱需水较少，要避免伤根影响品质。提子在正常生长期间必须要有一定强度的光照，但光照太强时特别是提子进入硬核期较易发生日灼病。提子虽然在各种土壤（经过改良）均能栽培，但以壤土及细沙质土壤为最好。壤土介于沙质土与黏质土之间；沙质土虽透气性能好，但保肥保水能力较差。提子原产地是美国加利福尼亚州，中国主要分布在福建福州、湖南常德、山东青岛等地。现在世界多地均有分布。

二、营养及成分

提子含糖量极高，可达30%，因主要是葡萄糖，很容易被人体直接吸收，还含有卵磷脂、酒石酸、苯果酸、枸橼酸和果胶等。每100克提子部分营养成分见下表所列。

蛋白质	200毫克
维生素B	20.1毫克
磷	15毫克
钙	4毫克
维生素C	4毫克
铁	0.6毫克
维生素A	0.4毫克

三、食材功能

性味 味甘，性平。

归经 归脾、肾、肺经。

功能

（1）提子，有补血功能，并能滋肾液、益肝阴，有助于久病肝肾阴虚、心悸盗汗、干咳劳嗽、筋骨无力的补益食疗果品。

（2）提子中的提子多酚是其中重要的活性物质之一。实验证明，提子有着良好的抗氧化、抗衰老、清除自由基的功能，也可以美白养颜。

（3）提子中的类黄酮类、酚类通过抗氧化物可降低脂肪氧化酶的活力，具有减少血栓形成的作用。其中的白藜芦醇可以阻止血小板的凝聚，因此可以预防血栓病。

四、烹饪与加工

提子酥条

（1）材料：提子、白酒、黄油、白砂糖、低筋面粉。

（2）做法：先把提子洗干净，放一点点白酒泡开。剪碎小块黄油，在室温下软化后加入白砂糖、鸡蛋液，继续搅拌均匀，直到稍微变白为止。当一部分白砂糖溶化后，继续加入筛过的低筋面粉搅拌并揉成一个面团。用擀面杖擀开约0.5厘米厚的大薄片，再用刀割成长条并烘烤20分钟即可。

提子酒

（1）材料：提子、活性干酵母。

（2）做法：现将提子压榨后，加活性干酵母，在一定温度下发酵7～10天，过滤澄清后即为提子果酒，。

提子汁

（1）材料：提子、柠檬酸、白砂糖。

（2）做法：提子摘下后，洗净、控干。用榨汁机直接榨取，过滤后加入柠檬酸和白砂糖即可饮用。

五、食用注意

（1）食用过多提子干可能导致缺铁，因提子干中的多酚会抑制铁的摄取，这会增加患缺铁性贫血的风险。

（2）提子中含有大量葡萄糖，糖尿病患者应少食或慎食。

延伸阅读

提子名称的由来

提子以其果脆个大、甜酸适口、极耐贮运、品质佳等优点，被称为“葡萄之王”。“提子”本来是传统粤语口语对葡萄的称呼，广东人称葡萄为“菩提子”，“提子”是其简称。菩提子本是菩提树所结的果实，常用来做佛珠，本与葡萄无关。可因两者形状相似，人们就把葡萄叫作菩提子，后作提子。

菇娘

菇娘地所献，意重在所临。
采得玛瑙珠，鲜美润心田。

——《采食菇娘》
（宋）石晓瑞

一、物种本源

拉丁文名称，种属名

菇娘，学名为毛酸浆（*Physalis philadelphica* Lam.），为茄科洋酸浆属一年生草本植物菇娘的成熟果实，又称戈力、洋菇娘、金姑娘。

形态特征

菇娘具地下茎，春日从宿根部生苗，高为40~60厘米，花白色，萼钟状，结果时增大，呈囊包于浆果之外；浆果成熟时呈红色，果味酸可食。

习性，生长环境

菇娘喜生存在阳光充足的地方，阴凉处也可以生长，适宜在疏松、排水良好的有机质土壤内生长。在我国主要的分布区域是华北地区、东北地区以及华中地区。

菇娘植株

二、营养及成分

菇娘具有丰富的营养成分，菇娘中胡萝卜素含量比其他水果更高，含有维生素A、维生素B、维生素C、维生素D、维生素E等，还含有多种不饱和脂肪酸和10种以上微量元素，如钾、钙、铜等。每100克菇娘部分营养成分见下表所列。

蛋白质	5.4克
脂肪	2.9克
纤维素	2.9克

三、食材功能

性味 味苦，性寒。

归经 归肺经。

功能

（1）菇娘具有清热解毒、利咽化痰、利尿的功效。多用于咽痛音哑、痰热咳嗽、小便不利、湿疹等，其还具有养血、益肝、补肾、扶正固体、活血化瘀、益气安神的功效。

（2）菇娘对治疗咽喉肿痛、腮腺炎、牙龈肿痛、泌尿道炎症等病症有辅助作用。

四、烹饪与加工

菇娘酒

（1）材料：菇娘、白糖、白酒。

（2）做法：剥开菇娘外面裹着的外衣，洗净沥干水分；用刀子顺边缘直切或者斜切几个口，放入容器，放一层撒一层白糖，最后加入白酒搅拌。等待一段时间发酵，之后直接放进酿酒设备蒸馏就是菇娘酒了。

糖渍菇娘

（1）材料：菇娘、冰糖、白糖。

（2）做法：菇娘剥去外衣，洗净沥干水分。用刀子顺边缘直切或者斜切几个口，切好口的菇娘放入容器，放一层撒一层白糖，最上层也均匀撒上白糖。密封容器后放入冰箱腌制2～3天，腌制后的果呈半透明状态。将腌制好的果子倒入小锅中，加入清水和冰糖开火煮至开锅。煮到汤汁浓稠关火后倒入容器中凉透即可食用。

五、食用注意

（1）不易过量食用菇娘。

（2）脾虚泄泻及痰湿者忌服菇娘。

传说故事

菇娘的由来

传说长白山天池中的龙女“菇娘”为了百姓安宁，与妖怪同归于尽，之后，长白山周围长出了黄色的果实。龙王因为思念女儿，日日以泪洗面，变得视力模糊，身患重病，龙女托梦说：“如果您思念我，就每天吃几颗黄色的果子。”龙王自此一思念龙女就吃几颗黄色的果子，数日后病也康复了，由此黄色的果子被命名为菇娘。

冬枣

好植蓬莱树，无凝枳棘姿。
鸡心藏密叶，羊角出高枝。
外炳丹朱彩，中含石蜜滋。
何当如尹令，见食玉文时。

——《枣》（北宋）丁谓

一、物种本源

拉丁文名称，种属名

冬枣（*Ziziphus jujuba* Mill.），为鼠李科枣属落叶小乔木或稀灌木植物冬枣的果实，又名冻枣、雁来红、苹果枣、冰糖枣。

形态特征

冬枣果实近圆形，果面平整光洁，似小苹果。纵径为2.7～2.9厘米，横径为2.6～2.9厘米。平均果重为10.7克，最大果重为23.2克，大小较整齐。果肩平圆，梗洼平，或微凹下，环洼大，中深。果顶圆，较肩端略瘦小，顶洼小，中深。果柄较长，果皮薄而脆，赭红色，不裂果。果点小，圆形，不明显。果肉绿白色，细嫩、多汁、口感甜略酸，可食率达96.9%，品质极佳。果核短纺锤形，浅褐色，核纹浅，纵条状，多数具饱满种子。

习性，生长环境

冬枣的果实大都在10月上中旬成熟，特晚熟的品种延迟到10月下旬成熟，因其成熟晚而称为冬枣。我国目前除山东、陕西、山西等地有大量种植外，新疆的巴音郭楞蒙古自治州（简称巴州）、阿克苏及和田地区也有大量种植。

二、营养及成分

冬枣含有赖氨酸、色氨酸、苯丙氨酸等17种氨基酸，其中7种为人体必需氨基酸，并含有丰富的钙、钠、镁、钾、铁等营养元素。除此之外，枣果实中还含有丰富的黄酮类等生物活性成分，主要包括芦丁、当药黄素、花青素等。

三、食材功能

性味 味甘，性温。

归经 归脾、胃经。

功能

（1）冬枣中含有丰富的黄酮类化合物，具有镇静、安眠、平稳血压的作用。新鲜的冬枣水分含量大，维生素C含量高，有一定的抗氧化和美容养颜的作用。

（2）冬枣可以对脾胃虚寒、腹泻不止、倦怠无力、身体虚弱的人有补中益气、健脾消食、暖胃护心、增加食欲的功效；可缓解饮食不慎引起的胃胀、胃痛、呕吐不止等症。

（3）冬枣对于中暑症状也有缓解作用，例如夏季燥热，水分流失快，用红枣、蓝香煎汤服饮可有效缓解中暑。

（4）冬枣中含量丰富的生物活性物质，有提高机体脂质过氧化作用的能力，冬枣对于体质虚弱、免疫力低下、气血两虚的患者有很好的保健作用。

（5）在改善心肌营养状况、防治心血管疾病等方面冬枣可以起到很好的辅助作用。

冬枣植株

四、烹饪与加工

醉枣

（1）材料：冬枣、白酒。

（2）做法：首先把盛放的容器用热水消毒、晾干，保证无水无油。然后，将冬枣洗净，在平摊的帘上自然晾干。之后准备一碗白酒，用干净的筷子夹着冬枣蘸几下白酒，依次放入容器内，做满后盖上盖子并套上保鲜袋密封。最后，放至阴凉干燥处，一个月后即可食用。

冬枣炖猪肝

（1）材料：猪肝、冬枣、高汤、胡椒粉、盐。

（2）做法：猪肝撕去筋膜冲洗干净，切片浸泡到盐水里，大概15分钟后捞出沥水备用；冬枣洗净，取一小炖盅，放入冬枣、猪肝，撒少许胡椒粉，加入高汤盖上盖子；蒸锅烧开水，放入炖盅，隔水大火炖40～50分钟，吃前加盐即可。

冬枣苹果汁

（1）材料：苹果、冬枣、柠檬汁、纯净水、蜂蜜。

（2）做法：苹果洗净，剥去果皮后去核、切小块；冬枣去核切块。把苹果和冬枣放入搅拌机，再加入蜂蜜、纯净水和柠檬汁打汁，即可饮用。

五、食用注意

（1）痰湿偏盛者少食。

（2）不宜空腹以及大量食用。

（3）爱上火的人、感冒初期的人及糖尿病人少食。

娘娘河和冬枣树

民间流传着这样一个故事：王母娘娘在天宫举行蟠桃会，御酒喝到兴头上，太上老君送来炼了千年的仙丹，不承想被封为“弼马温”的齐天大圣孙悟空得知自己不在王母娘娘的邀请名单里，便使性撒泼，大闹天宫，将蟠桃盛宴搅了个人仰马翻。王母娘娘的御酒洒了，仙丹掉了。御酒洒到人间，淌乳流蜜，变成了美丽的娘娘河；仙丹掉到地上，生根发芽，长成了苍翠的冬枣树。冬枣成熟的季节，娘娘河畔的冬枣林四处飘香，红彤彤的冬枣挂满枝头，惹人爱怜，犹如太上老君的的仙丹，令人垂涎欲滴。

在河北黄骅的张姓族谱里，就有张娘娘的故事。张娘娘生于“渤海之滨，高城（今黄骅）之地”，是明朝弘治皇帝孝宗的宠妃。其弟“主修水工”，借娘娘的庇荫“造福乡邻，凿娘娘河百余里，通运河，连渤海，以驳鱼盐。后，国舅犯律，株连娘娘，孝宗欲杀之。遂献冬枣，博孝宗欢颜。孝宗食之，以为‘仙丹’，大悦，封‘长寿果’，命国舅贡之，张姓方得保全。”弘治之后，经正德、嘉靖、隆庆至万历，黄骅冬枣得以迅速发展。“适万历巡游，过高城，品冬枣，遂命建‘贡枣园’，派官兵守之。”族谱的记载未必确凿，但冬枣的珍贵是可见一斑的。黄骅冬枣个大皮薄、核小汁多、色泽鲜艳、肉质酥脆，有“百果之冠”之称。与其他枣类最大的不同是黄骅冬枣不能“打”，而只能“摘”。否则，一旦落地，便会“粉身碎骨”。采摘后，常温下最长不超过两天，珍贵程度绝不亚于南方的荔枝。所以直到清朝末年，娘娘河畔的几千余株冬枣树仍有官兵把守。

数百年来，冬枣的繁衍仅限于娘娘河畔，甚至娘娘河畔没有了官兵把守，人们也没有认识到冬枣的价值而将其推广。冬枣得到大规模种植是近几年的事儿，现今在黄骅，已是“遍地冬枣树，处处冬枣园”了。但人们仍然钟情于娘娘河畔的那片原始冬枣林，因为那是冬枣的发源地，是中国冬枣的根，是中国所有冬枣的“祖先”树。

沙枣

富沙枣木新雕文，传刻疏瘦不失真。
纸如雪茧出玉盆，字如霜雁点秋云。

——《谢建州茶使吴德华送东坡新集》（节选）（南宋）
杨万里

一、物种本源

拉丁文名称，种属名

沙枣（*Elaeagnus angustifolia* L.），为胡颓子科胡颓子属落叶乔木植物沙枣的果实，又名七里香、香柳、刺柳、桂香柳、银柳、银柳胡颓子等。

形态特征

沙枣树高为5~10米，无刺或具刺，刺长为30~40毫米，棕红色，发亮。叶薄纸质，矩圆状披针形至线状披针形，顶端钝尖或钝形，基部楔形，全缘；叶柄纤细，银白色，果实椭圆形，粉红色，密被银白色鳞片；果肉乳白色，粉质；果梗短，粗壮，花期为5~6月，果期为9月。

习性，生长环境

沙枣为落叶乔木，它的生命力很强，具有抗旱、抗风沙、耐盐碱、耐贫瘠等特点。天然沙枣只分布在降水量低于150毫米的荒漠和半荒漠地区。沙枣的耐盐碱的能力随盐分种类不同而异，对硫酸盐土适应性较强，对氯化物则抗性较弱。沙枣分布于寒冷干旱的荒漠地区，在我国分布于北纬34°以北，黑龙江、辽宁、河北、山东、河南、山西、内蒙古及西北5省（区）均有分布。

二、营养及成分

据测定，沙枣中含有胡萝卜素、维生素B、维生素C、硫胺素和各种氨基酸及微量元素。每100克沙枣部分营养成分见下表所列。

总糖	21.1克
还原糖	8.8克
蛋白质	5.5克
果胶	2.7克
有机酸	1.1克

三、食材功能

性味 味甘，性温。

归经 归脾、胃、肾、肺经。

功能

（1）沙枣，主收敛止痛、清热凉血，适用于肠胃不和、肺热、咳嗽、身体虚弱、月经不调等症的食疗辅助康复。

（2）冬枣具有较多的抗氧化活性天然物质，其中酚性成分是天然抗氧化剂的重要来源。

（3）沙枣可健脾胃，治疗脾胃虚弱、消化不良等症状。

（4）沙枣因含有鞣质，食时味涩，有涩肠止泻及抑制小肠运动的作用。

沙枣植株

（5）沙枣果实浸出物的浓缩液有抗炎作用，可用于肠炎、腹泻，所以可制成其他类型的成品，并开发为保健食品。

四、烹饪与加工

沙枣馒头

（1）材料：小麦粉、玉米面、白糖、酵母、鸡蛋、金瓜、沙枣、蜂蜜。

（2）做法：将小麦粉、玉米面、白糖和酵母倒入碗中。打入鸡蛋和打好的金瓜泥，加少许水和成面团。然后开始调馅儿，沙枣洗干净，拣去杂质后去核蒸15分钟；沙枣肉加入蜂蜜后，搓枣馍碎制成沙枣馅儿备用。和好的面团搓条、下剂，每个约25克，包入馅心，从上至下搓成塔形成品。静至15分钟后，上蒸笼蒸约15分钟，放凉即可食用。

沙枣粥

（1）材料：沙枣干、糯米、紫米、红豆、莲子、百合、冰糖。

（2）做法：清洗沙枣干备用，然后锅中依次放入糯米、紫米、红豆、莲子、百合、沙枣干。大火煮开后，小火煮至米烂、莲子软糯后即可关火食用，也可加入冰糖调味。

五、食用注意

（1）有湿痰、积滞、齿痛的患者少食沙枣。

（2）糖尿病患者应少食或不食沙枣。

传说故事

香妃与沙枣花

相传香妃是清代新疆回部白山派首领霍集占的王妃，天姿聪慧，容色倾城，且生来身有异香，“玉容未近，芳香袭人，既不是花香也不是粉香，别有一种奇芳异馥，沁人心脾”，被人称为香妃。

乾隆皇帝听说了，嘱咐定边将军兆惠借征伐霍集占之机，将香妃掳进宫中。虽然乾隆帝百般优待，她却一心忠于故主，不吃旗食、不穿旗衣、不学旗语，并企图持刃自尽。在这一切归于无效后，她终于被皇太后赐死。死后尸身仍香气不绝，乾隆帝下令将遗体送回喀什，故乡的族人为之修建了香妃墓，地点在喀什东郊5公里处的浩罕村，这一传说自清末至今一直在天山南北流传。

据当地百姓说，香妃一直食用的是沙枣花。据说是当年浩罕国的公主伊帕尔汗特别喜欢沙枣花，在每年沙枣花盛开的时节，她就与侍女们一起将沙枣花儿采集并储藏，经过特别处理后食用。久而久之，伊帕尔汗身上就时时散发出沙枣花般淡淡的香味。

石榴

榴枝婀娜榴实繁，榴膜轻明榴子鲜。
可羡瑶池碧桃树，碧桃红颊一千年。

——《石榴》（唐）李商隐

一、物种本源

拉丁文名称，种属名

石榴（*Punica granatum* L.），为千屈菜科石榴属落叶灌木或乔木植物石榴的果实，又名安石榴、珍珠石榴、海石榴、若榴、丹若等。

形态特征

石榴树是落叶灌木或乔木，在热带是常绿树。树冠丛状自然圆头形，树根黄褐色。生长强健，根际易生根蘖。树冠内分枝多，嫩枝有棱，多呈方形。芽色随季节而变化，有紫、绿、橙三色。叶对生或簇生，呈长披针形至长圆形，或椭圆状披针形，长为2～8厘米，宽为1～2厘米，顶端尖，表面有光泽，背面中脉凸起；有短叶柄。石榴一般花期为5～6月，榴花似火，果期为9～10月。

习性，生长环境

石榴树长于海拔300～1000米的山上。喜温暖向阳的环境，耐旱、耐寒，也耐瘠薄，不耐涝和荫蔽，对土壤要求不严。生长适温为20～

石榴植株

35℃，特别是在25～30℃生长最为茂盛。石榴主产于云南、江苏、安徽、浙江、河南、山东、四川、陕西等地。

二、营养及成分

据测定，石榴中含有丰富的维生素及矿物质，如维生素B_1、维生素B_2、维生素B_3、维生素B_6、维生素C以及植物雌激素。石榴中还富含多酚、脂肪酸、氨基酸、类黄酮、生物碱、有机酸和类固醇激素等活性成分及多种微量元素。每100克石榴部分营养成分见下表所列。

碳水化合物	17克
膳食纤维	2.5克
蛋白蛋	0.6克
脂肪	0.6克

三、食材功能

性味 味甘、酸涩，性温。

归经 归肾、大肠经。

功能

（1）有润燥收敛、止痢杀虫、生津化食、健脾益胃等功能，适用于咽喉干燥、大渴难忍、痢疾腹泻、血崩带下、虚寒久咳、消化不良、虫积腹痛等症。

（2）研究发现，石榴中含有丰富的可溶性多酚化合物、丹宁、花色素苷等，其富含的有效抗氧化剂活性极高并且对肝有保护作用。

（3）维生素C比苹果和梨高1～2倍，植物雌激素对女性更年期综合征、骨质疏松症等疾病的辅助功效尤其受人关注。

四、烹饪与加工

石榴银耳羹

（1）材料：银耳、莲子、石榴、绿茶、冰糖。

（2）做法：将银耳、莲子泡开，石榴去皮，取出石榴籽，榨汁。将绿茶放入锅中，加水煮沸片刻捞出茶叶。放入银耳、莲子，煮到至软烂。出锅时，放入石榴汁、冰糖即可享用。

石榴咕噜肉

（1）材料：五花肉、姜、盐、糖、料酒、蛋清、淀粉、食用油、番茄酱、白醋、彩椒、葱、石榴汁。

（2）做法：五花肉切成块状，放入姜末、盐、糖、料酒、半个蛋清，然后放入一汤匙淀粉抓匀腌制15分钟左右。腌好的五花肉倒出多余的汁水，再将每一块都黏上干淀粉，然后抓成小球状。锅里倒入食用油，大约五六成热时，倒入五花肉，炸至金黄色捞出。再次烧热油，大约八成热，倒入五花肉复炸一次，外表金黄即可捞出备用。留少许底油，放入番茄酱，炒至红色，加入少许的盐、糖，半碗水，一汤匙白醋。倒入切成小块的彩椒，放入几根葱段，勾上少许薄芡。最后倒入石榴汁，翻炒均匀即可出锅享用。

石榴酒

将石榴果粒放入缸中榨出汁液，用二氧化硫杀菌，调整糖分、酸度，加入酵母，入罐进行主发酵，发酵温度为25～28℃，发酵时间为7～10天，发酵液澄清分离后即得石榴酒。

五、食用注意

泻痢初起有实火实邪者忌食石榴，过食损肺气、伤齿、生痰涎。

传说故事

张骞与安石榴

相传，汉武帝年间。张骞出使西域到安石国，住所门前有棵石榴树，他一有空就精心培育，大旱天更是勤奋浇灌。秋后结果时，张骞返汉。这天夜里，一红衣淑女飘然而至，施礼道："奴与君同往中原。"张骞正颜拒之。

次日清晨，张骞请求将门前石榴树带回。不料途中遭匈奴拦截，他冲出重围时丢落了石榴树。张骞回到长安，忽听有女子喊声："天朝使臣，让奴赶得好苦啊！"他回头一看，原来是昨晚见过面的红衣少女，便责问："为何千里迢迢来中原？"答道："蒙使臣携带，以报昔日养育之恩。"说罢突然消逝，随即化作一棵石榴树，枝头高挂累累红果。张骞将这事禀告汉武帝，武帝大喜，令其移植御花园。自此，石榴又叫安石榴。

"万绿丛中一点红"

传说，宋朝王安石的苑内，植石榴花树一株，枝叶繁茂，然只开花一朵。有人劝他剪去，另栽新种，但王安石却视为珍品，赋诗云："万绿丛中一点红，动人春色不须多。"这便是"万绿丛中一点红"典故的出处。

猕猴桃

渭上秋雨过，北风何骚骚。
天晴诸山出，太白峰最高。
主人东溪老，两耳生长毫。
远近知百岁，子孙皆二毛。
中庭井阑上，一架猕猴桃。
石泉饭香粳，酒瓮开新槽。
爱兹田中趣，始悟世上劳。
我行有胜事，书此寄尔曹。

——《太白东溪张老舍即事，寄舍弟侄等》
（唐）岑参

一、物种本源

拉丁文名称，种属名

猕猴桃一般指中华猕猴桃（*Actinidia chinensis* Planch.），为猕猴桃科猕猴桃属多年生木本植物猕猴桃的果实，又名藤梨、羊桃、毛梨、连楚、鹅莓、奇异果等。

形态特征

猕猴桃植株的叶子近卵状长圆形或宽倒卵形，顶端钝圆或微凹，很少有小突尖，基部呈圆形或心形，边缘有芒状的小齿，表面边缘有疏毛，背面边缘密生一层灰白色的星状绒毛。花期为5~6月，果熟期为8~10月。猕猴桃果形一般为椭圆状，横径约3厘米，早期外观呈黄褐色，成熟后呈红褐色，表皮覆盖浓密绒毛，果肉可食用，其内是呈亮绿色的果肉和一排黑色或者红色的种子。

猕猴桃植株

习性，生长环境

猕猴桃生长于海拔200~600米低山区的山林中，一般多出现于高草灌丛、灌木林或次生疏林中，最喜土层深厚、肥沃、疏松的腐殖质土和冲积土。分布于较北地区者喜生于温暖湿润，背风向阳环境，对水分及空气湿度要求严格。

气温：据调查，猕猴桃在年平均气温10℃以上的地区可以生长。生长发育较正常的地区，年平均温度为17℃。

猕猴桃广泛分布于中国长江流域，在北纬23°～24°的亚热带山区，如陕西（南端）、湖北、湖南、江西、四川、河南、安徽等地。

二、营养及成分

猕猴桃果实中含有粗纤维、维生素、有机酸、多糖、蛋白质、氨基酸等多种营养成分以及多种人体必需的微量元素，其中维生素C含量特别高，一般每100克该果中含维生素C 100～200毫克，高者可达420毫克；此外，猕猴桃中还含有维生素E、维生素K等多种维生素。猕猴桃平均粗纤维为1.8克，其含量是芹菜的15倍，是大多数谷物类所含粗纤维量的5～25倍；含糖量为8%～14%，总酸含量为1%～4.2%。它富含天门冬氨酸、苏氨酸、色氨酸、谷氨酸、甘氨酸、γ-氨基丁酸等多种氨基酸，还有猕猴桃碱、多酚类化合物，以及钙、磷、钾、铁等多种矿物质元素。

三、食材功能

性味 味甘、酸，性寒。

归经 归肾、胃经。

功能

（1）猕猴桃可清热止渴、通淋利尿、健脾止泻，适用于消渴、黄疸、石淋、痔疮等症。

（2）猕猴桃可以辅助治疗斑点恶化及其导致的永久失明，还有助于抑制胆固醇物质的氧化。另外，猕猴桃中的天然蛋白质是肌醇，有稳定情绪的功效，同时它还可以起到降低血液中胆固醇的浓度等功效。

（3）猕猴桃果实中含有较多的谷氨酸和精氨酸，可以起到心血管扩张剂的作用，改善血液循环和阻止动脉血管中血栓的形成。

四、烹饪与加工

猕猴桃枸杞粥

（1）材料：大米、猕猴桃、枸杞、冰糖。

（2）做法：先将大米洗净，浸泡30分钟；猕猴桃去皮切块，枸杞洗净备用；大米入锅，加水煮至米一粒粒都胀开，变浓稠时，放入枸杞和猕猴桃块，再煮2分钟左右，加适量冰糖调味即可。

猕猴桃雪梨汁

（1）材料：猕猴桃、雪梨。

（2）做法：把新鲜的猕猴桃和雪梨切成小块，榨汁即可。常饮此果汁可消除疲劳，改善便秘。

猕猴桃蜜饯果脯

（1）材料：猕猴桃、白砂糖。

（2）做法：将猕猴桃用白砂糖糖渍，可以直接制成蜜饯果脯，酸甜适口、饱满透明。

五、食用注意

（1）多食令人脏寒泄，不可多食，以免伤人阳气。

（2）脾胃虚寒、尿频、月经过多者应忌食。

（3）未完全熟透的猕猴桃具有轻微的抗菌毒性，慎食。

传说故事

秦始皇的不死之药

徐福渡海为秦始皇寻找不死药的传说由来已久。秦始皇完成了一统天下和建造长城的伟业，便开始憧憬长生不死的奇迹。于是方士徐福在公元前219年来到秦始皇的宫廷，声称《山海经》上面记载的蓬莱、方丈、瀛洲三座仙岛就在东方海中，他愿意为秦始皇去那里取来不死之药。第一次东渡，徐福并没有带回长生之药，他告诉秦始皇，东方的确有神药，但是神仙要三千童男童女、各种人间礼物。同时，海上航行有鲸鱼拦路，他要强弓劲弩射退大鱼。秦始皇答应了所有的条件，助他再次东渡。结果，徐福一去不复返，在东方“平原广泽之地”自立为王，再也不回来复命了。

根据考证，徐福的故乡正是今天江苏省连云港郊外的徐阜村，而他找到的不死药名叫“千岁”，也就是猕猴桃。秦始皇的老家在陕西秦岭一带，就是野生猕猴桃的产地之一，可能皇上经常用猕猴桃来开胃。难怪徐福找到了“长生不死药”也不敢回秦朝了。

柿子

晓连星影出，晚带日光悬。
本因遗采掇，翻自保天年。

——《咏红柿子》
（唐）刘禹锡

一、物种本源

拉丁文名称，种属名

柿子，学名为柿（*Diospyros kaki* Thunb.），为柿科柿属落叶乔木植物柿树的果实，又名米果、猴枣、镇头迦等。

形态特征

果形有球形、扁球形、球形而略呈方形、卵形等，直径为3.5~8.5厘米，基部通常有棱，嫩时绿色，后变黄色、橙黄色，果肉较脆硬，老熟时果肉变成柔软多汁，呈橙红色或大红色等；果期为9~10月。柿树多数品种在嫁接后3~4年开始结果，10~12年达盛果期，实生树则5~7年开始结果，结果年限在100年以上。

习性，生长环境

柿树是深根性树种，又是阳性树种，喜温暖气候、充足阳光和深厚、肥沃、湿润、排水良好的土壤，适生于中性土壤，较能耐寒，较能

柿子植株

耐瘠薄，抗旱性强，但不耐盐碱土。我国柿种植区域广泛，除了北部黑龙江、吉林、内蒙古和新疆等寒冷的地区外，大部分省区都有种植。

二、营养及成分

经研究，柿子的营养成分主要含有糖类物质，有蔗糖、葡萄糖、果糖。新鲜柿子含碘，还含有香草酸、维生素B_3及人体所需的钙、磷、镁、铁等矿物质。另外，柿子中还含有蛋白质和丰富的维生素、无机盐、果酸、淀粉等。

三、食材功能

性味 味甘、涩，性寒。

归经 归心、肺、大肠经。

功能

（1）柿子中的维生素C能阻止黑色素的生成，可以促进胶原的生物合成，长期使用能美白淡斑，使皮肤富有弹性。

（2）柿子中的多酚、单宁、没食子酸都有着良好的抗氧化功能，可以很好地延缓衰老，并且有美容养颜的功效。

四、烹饪与加工

柿子饼

（1）材料：牛油、柿子、青椒、红椒、核桃仁、面粉、黄桂酱、玫瑰酱、板油丁、白糖、菜籽油。

（2）做法：将牛油切成方丁，把青椒、红椒切丝，核桃仁切碎，取面粉250克与黄桂酱、玫瑰酱搅拌均匀，再加入板油丁、白糖，用力揉搓，当各种物料掺和出现黏性时，即成糖馅。将面粉1千克堆放在案板上，中间挖个坑。柿子去蒂揭皮后，放在面粉坑里，先剁成糊，用手将面粉与柿子和匀，搓成软面团，再陆续加入面粉500克，揉搓成较硬的面团。把剩下的面粉撒在面团周围，即成柿子面。取柿子面剂一块（约50克），拍平，包入15克糖馅，制成柿子饼坯（2千克面粉可做饼80个）。将锅中倒入菜籽油50克，将饼坯平放、翻转、轻压，盖上盖，烙烤5~6分钟。底面发黄时，再翻转面，加菜籽油25克，烙5分钟，待两面火色均匀，即成。

冻柿子

将柿子放在保鲜盒里面冷冻12小时即可，食用时去皮和蜂蜜一起食用更佳。

糖水柿子罐头

选果→去皮→切块→脱盐→装罐→排气→密封→杀菌→冷却。

柿子饮料

将蔗糖、葡萄糖和酒石酸混合后，加入柿子液。待柿子液混合均匀后，用真空干燥法，干燥和粉碎制成饮料粉。服用时冲服即可。

五、食用注意

（1）空腹不宜食用。

（2）不宜多食。

（3）服用铁剂时不宜食用。

唐玄宗题柿子叶诗画

唐朝有个叫郑虔的画家，穷得有时连练字的纸都买不起。有一次他听说慈恩寺的僧人每年都把寺内几棵柿子树的落叶收存起来，于是他每天索取一些柿叶练习字画。几年后，竟把满满数间屋子存积的柿子叶用光了。郑虔将自己做的一幅诗画献给了唐玄宗，玄宗皇帝看后拍案叫绝，挥毫在这幅诗画下边题上了“郑虔三绝”（指的是诗、画、书法）四个大字。

朱元璋与柿树

朱元璋自幼家贫，为生计出家当了和尚，以募化为生。一日，已两天粒米未进的朱元璋，饿得头晕眼花、手酸脚软，忽见一所宅院角落里有棵老柿树，叶子都已飘落了，枝头缀满了大红柿子。他赶忙跑过去攀枝摘果，匆匆果腹。

十五年后，朱元璋已是一国之主，他亲率大军和陈友谅在皖南太平一带作战。获胜后，散步来到救命的老柿树下，向部下讲述了往昔的经历。随后，朱元璋便脱红袍披给老树，封老树为“凌霄侯”。

无花果

有子系枝，不药而实。
薄言采之，味比蜂蜜。

——《赞天仙果》
（北宋）宋祁

一、物种本源

拉丁文名称，种属名

无花果（*Ficus carica* L.），为桑科榕属落叶灌木无花果的果实，又名天仙果、蜜果、古渡子、隐花果等。

形态特征

生长于温带地方的无花果树是落叶品种。无花果实际上有花，花单性，雌雄异花。它的花隐藏在囊状总花托内，雄花在上面，雌花在下面，亦有总花托内只有雌花的。因为人们总见其果不见其花，故得名“无花果”。一年内二次成熟，三次收果，即先年存鲜，5月成熟，第一次收果，7月中旬本年坐的果成熟，9月当年第二次坐的果成熟，未成熟留待下年5月再收。

习性，生长环境

无花果树对土壤条件要求不严，在典型的灰壤土、多石灰的沙漠性沙质土、潮湿的亚热带酸性红壤土以及冲积性黏壤土上都能比较正常地生长。其中以保水性较好的沙壤土最适合无花果生长及果实发育的要求。无花果树是喜光树种，不耐寒，能耐较高的温度而不致受害，一般说来，适宜于比较温暖，年平均温度为15℃的地区。

无花果树在我国南北方均有栽培，新疆南部尤多，其中阿图什地区栽种面积最大。

二、营养及成分

据测定，无花果含维生素B_1、维生素B_2、维生素C、维生素E、胡萝卜素，钙、磷、钾、钠、镁、锌、铜、硒、铁等元素，以及17种人体所需的氨基酸。每100克无花果部分营养成分见下表所列。

碳水化合物	16克
膳食纤维	3克
蛋白质	1.5克
脂肪	0.1克

三、食材功能

性味 味甘，性平。

归经 归肝、脾、胃、大肠经。

功能

（1）无花果，可补脾利咽、润肠通便。对于食欲不振、消化不良、痢疾、黄疸、胸闷、咳嗽痰多、肺热声嘶、咽喉疼痛等症状有益。

（2）无花果中的香豆素及其衍生物的功效是多元而广泛的，在关于无花果的药理作用研究中证实香豆素有保护心血管系统的作用。

（3）无花果的果实和树叶中均含有果胶等多糖，还含有大量的维生素类化合物，其维生素C含量是提子的20倍左右。这些物质都具有显著的抗氧化、清除自由基和提高人体免疫功能的作用。

（4）研究发现，无花果叶子具有一定的体外抗细胞毒素和抗病毒活性，无花果果实中富含的多酚类（芦丁、槲皮素、绿原酸等）和黄酮类化合物也具有显著的抗菌、抗炎作用。

无花果植株

四、烹饪与加工

无花果百合汤

（1）材料：无花果、百合。

（2）做法：把百合冲洗干净，无花果切块，加入6杯水用大火煮沸，转文火再煲30分钟即可。

无花果蘑菇汤

（1）材料：无花果、蘑菇、花椒、姜、大蒜、盐。

（2）做法：将无花果切块，蘑菇切条，一同放入锅内，加花椒、姜、大蒜和清水炖煮至烂熟，放盐调味后即可食用。

无花果粥

（1）材料：无花果、大米、冰糖。

（2）做法：将无花果洗净切碎备用。把大米洗净加适量水后用大火熬煮，放入适量无花果和冰糖，煮30分钟待粥煮至浓稠时，即可食用。

低糖无花果脯

其主要工艺流程为：无花果挑选→清洗去柄→护色、硬化→糖煮→浸糖→沥糖→调整风味→摆盘→烘烤整形→下盘→回潮→包装→成品。

无花果果干

其主要加工工艺流程为：原料选择→清洗→去蒂→分切→摊铺→干燥→回软→分级包装→成品果干。

五、食用注意

无花果，味甘性平，中寒多湿之人不宜食用。

传说故事

无花果

很久很久以前，一位名叫库尔班的维吾尔族果农把毕生心血倾注在自己的果园里，他培育出一种松软甜美的水果，被誉为“圣果”，不但能止饥解渴，还可以治疗多种疾病。

国王贪图它的花香果甜，便下了一道圣旨，要库尔班将果树全部移栽到皇宫，否则就要伤害他的家人。库尔班连夜从果树上剪下条条嫩枝，送给附近的乡亲们栽培，第二天将光秃秃的果树移栽到国王的花园中。

结果第二年开春，皇宫里的果树一棵也没活，维吾尔老乡果园里的果树却枝繁叶茂，花香四溢。

国王怒不可遏，派士兵循着花香找到果园，将繁花盛开的果树统统砍掉。库尔班与乡亲们偷偷藏下枝条掩埋，第二年春天，又到了果树开花的季节，大家担心浓郁的花香将再度引来灾难。

乡亲们面对着待放的花苞，心中默默祈祷：要是不开花就结果该多好啊！他们的诚心感动了树神，果然没有开花就结出了累累硕果。从此，人们将这种“无花而果”的果树称为“无花果”。

甜瓜

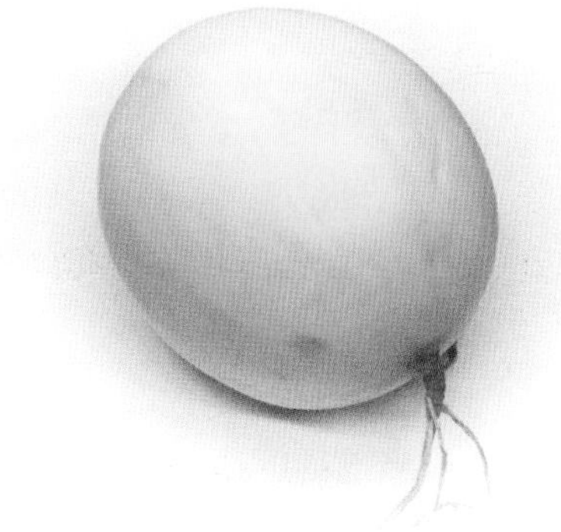

不惜浑崙次第佥，把将来语太无厌。
而今一片落谁手，管取甜时彻蒂甜。

——《甜瓜》（南宋）释心月

一、物种本源

拉丁文名称，种属名

甜瓜（*Cucumis melo* L.）属于葫芦科黄瓜属一年生匍匐或攀援草木植物甜瓜的果实，又叫作香瓜、甘瓜、果瓜、黄金瓜等。

形态特征

甜瓜的植株为一年生匍匐或攀援草本；茎、枝有棱，有黄褐色或白色的糙硬毛和疣状突起。卷须纤细，单一，被微柔毛。叶片厚纸质，近圆形或肾形，上面粗糙。花单性，雌雄同株。果实的形状、颜色因品种而异，通常为球形或长椭圆形，果皮平滑，有纵沟纹或斑纹，无刺状突起，果肉为白色、黄色或绿色，有香甜味；种子为污白色或黄白色，卵形或长圆形，先端尖，基部钝，表面光滑，无边缘。花果期夏季。甜瓜果皮的颜色属于外观品质，可分单色和复色两大类，单色为金黄、黄、褐黄、橙黄、白、灰绿、绿、墨绿等；复色有黄带白道、绿带墨绿条斑等。

习性，生长环境

甜瓜的植株最适宜种植在土层深厚、通透性好、pH5.5~8.0、不易积水的沙壤土上。甜瓜喜光照，每天需10~12小时光照来维持正常的生长发育。甜瓜喜温、耐热、极不抗寒。气温的昼夜温差对甜瓜的品质影响很大，昼夜温差大，有利于糖分的积累和果实品质的提高。中国各地广泛栽培，世界温带地区也广泛栽培。

二、营养及成分

据测定，甜瓜含有胡萝卜素、维生素A、维生素B_1、维生素B_2、维生素B_3、维生素C、维生素E以及铁、锌、硒、铜等元素。每100克甜瓜部分营养成分见下表所列。

碳水化合物	5.6克
脂肪	0.5克
蛋白质	0.4克
膳食纤维	0.4克

三、食材功能

性味 味甘，性寒。

归经 归心、胃经。

功能

（1）甜瓜助于祛风化痰、通经络、行血脉、下乳汁、除热利肠，还对风湿麻木、四肢疼痛等有食疗助康复的效果。

（2）甜瓜提取物对流行性乙型脑炎病毒有明显的预防作用。

（3）现代研究结果表明，甜瓜汁是消雀斑、增白、去除皱纹等不可多得的天然美容剂，可以美容嫩肤、抗皱消炎、抗氧化、预防和消除痤疮及黑色素沉着。

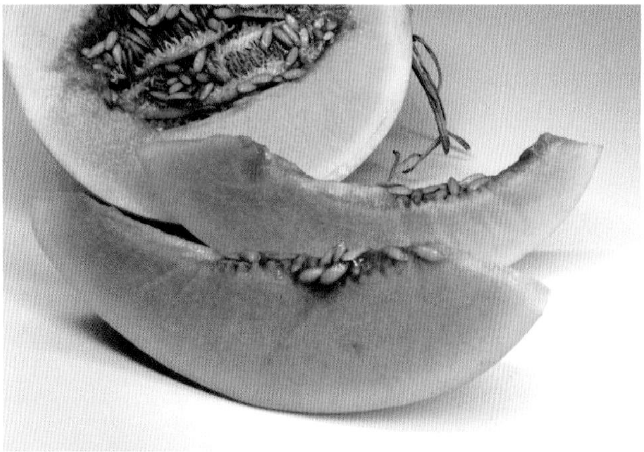

甜 瓜

（4）甜瓜含有转化酶，可将不溶性蛋白质转变成可溶性蛋白质，能帮助肾脏病患吸收营养。

（5）甜瓜中的糖分大多是单糖，可以快速为机体充碳供能，提高血糖水平，缓解低血糖等。

四、烹饪与加工

甜瓜干

制作甜瓜干的甜瓜须选用果肉细、厚、白色的品种。将甜瓜去皮、去瓤、切块后晾晒制即可成甜瓜干。

甜瓜脯

将甜瓜去皮刮瓤，再切成细条的甜瓜片，之后用一定比例的糖腌渍，浸泡、抽气、糖煮后烘制而成。

甜瓜罐头

甜瓜的肉组织在储藏的过程中会很快变得绵软、乏味，进行相应的食品加工，即制作成罐头，就能克服储藏的缺点，保留原有质感、香味。

五、食用注意

（1）甜瓜，性味甘寒，凡脾胃虚寒、腹胀、腹泻便溏者忌用。

（2）出血及体虚者不可食用。

（3）糖尿病患者应少食甜瓜。

（4）患有严重的脚气者应少食甜瓜。

传说故事

马连庄甜瓜的传说

汉武帝建元元年（前140），汉武帝联合大月氏攻打匈奴，张骞任使者，被俘后趁匈奴内乱逃回汉，向汉武帝报告了西域的情况。丝绸之路开辟以后，西域的甜瓜传入中国。传说张骞在回国途中因为太过劳累，一头倒地便呼呼大睡，醒来后发现一包甜瓜籽不见了。

原来，这包甜瓜籽是被一匹小神马偷走了，小神马是马连庄的守护神。钟离大仙应陈抟老祖相约去华山路过这里，他告诉小神马，马连庄的土质最适宜甜瓜生长。小神马不惜背上偷窃的罪名，叼来甜瓜的种子撒在马连庄的土地上。第二年，果真长出很多色泽金黄、香味浓郁的甜瓜。

哈密瓜

伊吾瓜夺邵平瓜，碧玉为瓤沁齿牙。
鼻选舌交纷五色，八城风味更堪佳。

——《哈密瓜》（清）许乃谷

一、物种本源

拉丁文名称，种属名

哈密瓜（*Cucumis melo* var. *saccharinus*）是葫芦科黄瓜属的一年生匍匐或攀援草本植物的果实，为甜瓜的一个变种，常常被称为甘瓜、玉瓜、洋香瓜、东湖瓜等。

形态特征

哈密瓜的植株为一年生匍匐或攀援草本；茎、枝有棱，有黄褐色或白色的糙硬毛和疣状突起。叶片厚纸质，近圆形或肾形。花单性，雌雄同株。雄花数朵簇生于叶腋，花梗纤细；雌花单生，花梗粗糙。果实的形状、颜色因品种而异，通常为球形或长椭圆形，果皮平滑，有纵沟纹或斑纹，果肉为白色、黄色或绿色，有香甜味；种子为污白色或黄白色，呈卵形或长圆形。花果期在夏季。

习性，生长环境

哈密瓜适合生长在哈密盆地。高大的天山像一道长城屹立在哈密盆地的北面，成为盆地的一条重要地理分界线，它拦截了来自大西洋、北冰洋的水汽和西伯利亚冷空气，使南北的气侯、生态环境和自然景观截然不同，形成“一山之隔，两个天下”的物候特征。该物候特征温度高，日照时间长，土壤含沙量大、略带碱性，昼夜温差较大，为哈密瓜的植株生长提供了最佳地温条件。我国产优质哈密瓜的地区主要有新疆的哈密市和吐鲁番市。

二、营养及成分

据测定，哈密瓜中含有大量维生素，特别是维生素C，矿物质如钙、钠、钾、硒等含量也十分丰富。此外，成熟的新鲜的哈密瓜中还含有大量的羟基乙酸、乙酯和少量的羟基乙醇、乙烯等，可以散发出浓郁的芳香气味，这也是广大消费群体喜爱哈密瓜的重要原因。每100克哈密瓜部分营养成分见下表所列。

碳水化合物	8克
蛋白质	0.5克
脂肪	0.1克

三、食材功能

性味 味甘，性寒。

归经 归心、胃经。

功能

（1）新鲜哈密瓜，主治清暑热、解烦渴，具有清热疗饥、利便、益气、清肺热、止咳的特殊功效，适宜于肾病、胃病、咳嗽以及痰喘、贫

哈密瓜植株

血和慢性便秘等疾病患者。

（2）哈密瓜中富含的钾对于血液的调节和维持人体的血液渗透压水平具有重要的保护作用，此外，钾还有助于调节和维持人体正常的心率和血压，预防各种心血管疾病。

（3）哈密瓜中的蛋白质含有丰富的维生素和抗氧剂，可以有效地保护和增强人体皮肤和细胞对于紫外线的防御和抵抗能力，减少皮肤上黑色素的产生。

（4）有研究表明，哈密瓜中的铁含量是鸡肉的2～3倍，高出牛奶中铁含量的十几倍，因此适量食用哈密瓜可以有效地预防贫血。

四、烹饪与加工

哈密瓜炒虾仁

（1）材料：虾、哈密瓜、胡萝卜、黄瓜、葱、姜、蒜、食用油、盐、酱油。

（2）做法：将虾壳剥壳煮熟后，放入凉水中冷泡，随后用葱、姜、蒜爆炒之后加入切好的哈密瓜小丁，再加入切好的胡萝卜块以及黄瓜块、盐、酱油一起进行翻炒起锅，放入用哈密瓜皮做好的器皿中即可。

哈密瓜炒腰果鸡丁

（1）材料：鸡胸脯肉、哈密瓜、腰果、盐、酱油、料酒、食用油。

（2）做法：将鸡胸脯肉洗干净之后，切成小丁，倒入碗中放入适量的料酒进行腌制。哈密瓜切小块备用。在油锅中倒入食用油，等油热后，将腰果放入锅中炸至表面微黄，随后在锅中放入已经准备的鸡胸脯肉丁和哈密瓜块爆炒，并加入适量的盐、酱油，即可出锅。

脆炒哈密瓜

（1）材料：哈密瓜、盐、青辣椒、红辣椒。

（2）做法：把哈密瓜切成长条或者细块，用少量盐进行腌制。再将青辣椒和红辣椒切块，与已经腌制好的哈密瓜一起翻炒，随后出锅。

五、食用注意

（1）哈密瓜性凉，不宜多食，以免引起腹泻。

（2）患有黄疸、脚气病、寒性咳喘的人不宜多食。

（3）产后和病后的人不宜食用。

（4）哈密瓜含糖较多，糖尿病患者少食为佳。

传说故事

哈密瓜名字的由来

说起新疆的瓜果，大家都会想到“吐鲁番的葡萄，哈密的瓜”，其实吐鲁番鄯善地区才是哈密瓜真正的故乡，为什么不叫鄯善瓜呢？

其实哈密瓜名字的来历还有一段非常有趣的故事。原来在清朝的时候，鄯善属于哈密的行政区。清康熙年间（1662—1722），清朝廷派理藩院郎中布尔赛来哈密编旗入籍。哈密一世回王额贝都拉热情地用哈密甜瓜款待。布尔赛对清脆香甜、风味独特的哈密甜瓜大加赞赏，建议额贝都拉把哈密甜瓜作为贡品向朝廷贡献。

这一年的冬天，额贝都拉入京朝觐。在元旦的朝宴上，康熙大帝和群臣们品尝了这甜如蜜、脆似梨、香味浓的“神物”后，个个赞不绝口，但都不知“神物”从何而来。康熙大帝问属臣，均不知叫何名。初次入朝的哈密回王额贝都拉跪下答道：“这是哈密臣民所贡，特献给皇帝、皇后和众大臣享用，以表臣子的一片心意。”

康熙大帝听后思忖，这么好的瓜，应该有一个既响亮又好听的名字，它既然是由哈密王上贡来的，就叫“哈密瓜”吧。康熙大帝说完，群臣雀跃，齐呼万岁圣明，从此哈密瓜名扬四海。

蓝莓

满山圣果鲜，酸甜蓝莓性。
随遇秋风里。感恩大自然。

——《采蓝莓》（清末民初）乔石羽

一、物种本源

拉丁文名称，种属名

蓝莓，为笃斯越橘（*Vaccinium uliginosum* L.）的俗名，是杜鹃花科越橘属落叶小灌木植物蓝莓的果实，又被称为黑豆树、龙果、蛤塘果等。

形态特征

蓝莓树树体大小及形态差异显著，兔眼蓝莓树高可达10米，高丛蓝莓树高为1~3米；蓝莓有常绿也有落叶。叶片为单叶互生，稀对生或轮生，叶片大小因种类不同而有差异，高丛蓝莓的叶长可达8厘米，矮丛蓝莓的叶长一般小于1厘米，兔眼蓝莓的叶长介于高丛蓝莓与矮丛蓝莓之间。蓝莓的花为总状花序。花序大部分侧生，有时顶生。通常

蓝莓植株

由7～10朵花组成，花两性，为单生或双生在叶腋间，辐射对称或两侧对称。

习性，生长环境

蓝莓树在一个生长季节内可有多次生长，以两次生长较为普遍。在我国南方，蓝莓一年有两次生长高峰，第一次是在5～6月，第二次是在7月中旬～8月中旬。蓝莓开花期因气候和品种有明显的差异，在我国南方3月上中旬开花，北方为4～5月开花。

蓝莓主要分布在气候温凉阳光充足的地区，如朝鲜、日本、蒙古、俄罗斯等国以及欧洲、北美洲等地区，以及中国的黑龙江、内蒙古、吉林长白山等地区，生长于海拔900～2300米的地区，多见于针叶林、泥炭沼泽、山地苔原和牧场，也是石楠灌丛的重要组成部分。

二、营养及成分

蓝莓的果实营养丰富，据测定，蓝莓中含有大量的氨基酸、脂肪、碳水化合物。除此之外，蓝莓中的维生素、矿物质含量很高，花青素含量特别高。因此，蓝莓有着“浆果之王”的美称。

三、食材功能

性味 味甘酸，性凉。

归经 归心、大肠经。

功能

（1）蓝莓果实中所含的花色素苷对眼睛有良好的保健作用，能够减轻眼的疲劳及提高夜间视力。

（2）蓝莓果实含有很高的果胶物质，研究表明，果胶作为可溶性膳食纤维，可降低胆固醇。

（3）最新研究发现，蓝莓中的鞣花酸有抑制酪氨酸酶过剩的作用，从而使导致皮肤雀斑、黄褐斑形成的黑色素难以形成，达到美白皮肤的效果。

（4）蓝莓果实中丰富的钾元素有利于调节人体内的液体平衡和对蛋白质的利用，维持精神与肌肉的应激性和正常的血压与功能，可促进造血，参与解毒，促进创伤和骨折愈合，增强肌体抵抗力。

（5）蓝莓中的花青苷具有从毛细血管渗入血液的性质，通过抑制毛细血管的透性，达到强化毛细血管、防止脑内毛细血管损伤的目的，从而延缓脑神经衰老。

四、烹饪与加工

山药蓝莓泥

（1）材料：山药、蓝莓、蜂蜜、白糖。

（2）做法：将山药洗干净后去皮，蒸10分钟左右，晾凉后碾碎成泥。再将蓝莓压榨成汁，淋在上面。最后根据个人口味添加蜂蜜和白糖即可食用。

奶香蓝莓香芋粥

（1）材料：香芋、大米、蓝莓、牛奶、冰糖。

（2）做法：香芋去皮，一半切小块，一半加水打碎。将两种香芋分别放入锅中，再加入洗好的大米，加水大火煮沸。之后，加上冰糖和牛奶，小火熬到黏稠，稍微晾凉，盛到碗里，撒上蓝莓拌匀即可食用。

蓝莓果汁

以蓝莓为原料利用现代的食品加工技术制成果汁，保留了蓝莓中的营养物质，提高了其风味和口感，更适合人们饮用。

蓝莓果酱

蓝莓果酱就是用蓝莓等材料做的果酱，其所需的材料主要有水、麦芽糖、冰冻蓝莓、柠檬、细砂糖。把蓝莓制成果酱，可以更好地保存、运输，让更多的人品尝这款营养丰富的水果。

五、食用注意

腹泻患者不宜吃蓝莓。

传说故事

蓝莓的来历

三百年前，长白山顶喷出了滚滚的烈焰，火山喷发让长白山整个变了样。从此，一汪碧水出现在长白山中。这就是今天人们看到的长白山天池。传说天池龙王就待在这里。

天池龙王有两个女儿，老大叫蓝莓，老二叫蓝英。姐妹儿俩个长得赛过天仙，人见人爱。一年夏天，长白山区妖风四起，群魔乱舞，到处都是恐怖的景象。“父王，让我和蓝英去斩除妖魔，让长白山恢复往日安宁吧。”蓝莓向天池龙王请求道。天池龙王沉思良久，同意了蓝莓的请求。姐俩经过一番准备，驾驭风头，向莲花甸方向飞去。这莲花甸本是一大片荷花生长的水池，轻风一吹，荷叶摇动，景色优美。可最近一段时间五步蛇精将水池霸占，在这里施行妖术，搅得这里每天雾气腾腾，淫雨下个不停。蓝莓和蓝英两人正在岸边观察情况，见池中布满杀气。忽然，一股浪花掀起，水中露出大块的鳞片，五步蛇精疯狂地跃出水面，凶狠地扑向姐妹俩。蓝莓舞剑相迎，蓝英也举起镇妖棒，两人奋力同五步蛇精打斗起来。经过一番殊死搏斗，姐妹俩都已累得疲惫不堪。“赶快回去告诉父王，让他马上增兵，咱们一定要消灭五步蛇精。”蓝莓一边与蛇精拼打，一边告诉妹妹。“那你?”蓝英有些犹豫。“别管我了，再晚就来不及了。”蓝英只能驾起云头，向长白山天池飞去。此时，五步蛇精见只剩下蓝莓一个人，更加来了精神，它一跃而起蹿出水面几米高，将一股毒液喷向蓝莓，蓝莓来不及躲闪，被剧毒蛇液毒倒。话说天池龙王听了蓝英的叙述赶紧率领几员战将亲自来战蛇精。看到自己的爱女躺在池边，老龙王悔恨不迭：“我不该让你姐妹俩来呀。”声音惊动了五步蛇精，它又一次跃出水面，老龙王等一拥而上，蛇精还没等回过神来，便葬身池水中。

从此，莲花甸便长出了成片的绿矮棵植物，上面结满了紫黑色的果实，人们叫她蓝莓。这蓝莓吃起来甜甜的，她的汁液可以做酒，可以入药，也可以做饮料，营养丰富着呢。而大甸子最接近水面的部分，则长满了鳞状的草墩，人们说这是五步蛇精的肉皮，它要永远长在蓝莓的底部，给蓝莓这种植物提供养分，为蓝莓服务，以赎罪过。

天池龙王的爱女化作蓝莓后，老龙王终日思念，每到夜深人静之时，小龙女蓝英常听到父王的哭泣声。终于有一天，因为天天哭日日想，老龙王感觉视力模糊，快要瞎了。一天夜里，小龙女蓝莓给父王托了一个梦，她像以前一样撒着娇扑到父王的怀中，说道："父王，您不用牵挂女儿，我虽为女儿身，但我身上也流着您的血脉，我是龙女，我也应为保卫家园尽一份职责。您应该为我感到自豪，看到您日夜哭泣，我真的好心痛，如果您思念我就每天吃几枚蓝莓果，那是我的血液化成的，能够治好您的眼睛。"老龙王第二天起来后就照着女儿所说的话，每天吃几枚蓝莓果，三个月后他的眼睛果然复明了。由于蓝莓这种果实给百姓带来了实惠，天池龙王为了纪念女儿，施以法术，整个长白山区都长满了这种植物。

从此以后，长白山脚下的人们不管谁的眼睛有毛病都到山上摘蓝莓吃，都康复起来了，很是神奇。因此人们又称它为眼睛的保护神，山里人家来了客人都把这种水果当作最好的待客之物。

蔓越莓

珍鲜野果蔓越莓，自古佳实稀为贵。
君若偶得二三两，尝后难忘亦陶醉。

——《食蔓越莓》（现代）
陈若霖

一、物种本源

拉丁文名称，种属名

蔓越莓（*Vaccinium macrocarpon* Ait.），又称蔓越橘，是杜鹃花科越橘属常绿小灌木草木植物蔓越莓的果实。

形态特征

蔓越莓植株高度为5～20厘米，藤状枝条蔓延约为2米。它长有5～10毫米的卵形叶子和深粉色花朵，弯折的花瓣和裸露的雄蕊指向前方，整体看起来很像鹤，花朵就像鹤头和嘴，因此蔓越莓又称“鹤莓”。它的果实是长为2～5厘米的卵圆形浆果，由白色变深红色，吃起来有重酸微甜的口感。

习性，生长环境

蔓越莓植株一般喜凉爽的环境，对于土壤的要求也与其他水果差异较大，喜好酸性土壤。蔓越莓植株主要生长在寒冷的北半球，如美国的马萨诸塞州、威斯康星州等。在中国大兴安岭地区也比较常见。

二、营养及成分

蔓越莓含有丰富的膳食纤维和矿物质，如钾、钠、磷、镁、钙、锌、铁等，同时富含维生素B_1、维生素B_2、维生素C、叶酸等。每100克蔓越莓部分营养成分见下表所列。

碳水化合物	12.7克
蛋白质	0.4克
脂肪	0.2克

三、食材功能

性味 味甘、酸，性凉。

归经 归心、肾经。

功能

（1）蔓越莓中富含的原花青素，是国际上公认的清除人体自由基最有效的天然抗氧化剂，其抗自由基氧化能力是维生素E的50倍。

（2）研究表明，蔓越莓具有抗幽门螺旋杆菌的功能。此外，蔓越莓又能给人体提供抗生素般的保护能力，而且这种天然抗生素不但不会让身体产生抗药性，也不用担心会有药物副作用。

（3）蔓越莓是牙龈生物膜形成的强效抑制剂，其成分能抑制牙龈卟啉单胞菌，能起到预防和治疗牙周炎的有益作用，有利于改善口腔健康。

蔓越莓植株

（4）蔓越莓中不但含有大量的单元不饱和脂肪酸，还有另一种抗氧化的浓缩单宁酸，因此食用蔓越莓可以保护人的心血管健康。

四、烹饪与加工

蔓越莓小米糕

（1）材料：小米、鸡蛋、蔓越莓干、炼乳、食用油。

（2）做法：将小米提前浸泡至用手指能把米粒碾碎为止，沥水备用；把鸡蛋中的蛋黄和蛋清分离备用。在沥好水的小米中加入炼乳、食用油和蛋黄后，倒入搅拌机中，搅拌至粉碎；再加入蔓越莓干搅匀；最后放入容器中蒸熟即可。

蔓越莓果汁饮料

利用现代的食品加工技术可把蔓越莓加工成果汁饮料，使其具有更加独特的风味，便于储藏和运输。

五、食用注意

（1）脾胃久虚者少食。

（2）气郁体质、阳虚体质、瘀血体质者少食。

延伸阅读

小佳的蔓越莓

很久以前，有一个帅气潇洒的王子，他不仅外貌出众，更是精通各种才艺。几乎所有少女都视王子为偶像，这其中也包括住在草村的小佳。

小佳在一次祭典队伍里看到王子不断向大家挥手示意，挤在人群中的她抱着亲手制作的蔓越莓曲奇饼干激动的向前冲。当车到了小佳所在的位置，小佳连忙上前把皱巴巴的袋子递到王子手上。“我……我自己做的。”王子有些诧异，随即冲着小佳笑了笑说：“谢谢。”

回去的路上，小佳一直都是喜滋滋的。她辞掉了花店的工作，摘了很多蔓越莓来做曲奇，她想要把对王子的心意做进美味的饼干里，然后分享给更多的人。

充满了她爱意的曲奇每天都卖得非常好，到最后就连邻国的公主也慕名派人来买。小佳每天都很忙，却没有停止过对王子的思念。她认为，王子就像照亮她前进的光，给予她动力。

然而王室宣告了一件大事：在下个月底，王子将迎娶邻国的公主作为王妃。公主希望蔓越莓曲奇饼干作为婚礼上的甜点。小佳被带进王宫为公主准备甜点，虽然公主给她准备了最好的原料，但是她做出来曲奇再也没有她在家里做得好吃了。

参考文献

［1］ 陈寿宏. 中华食材［M］. 合肥：合肥工业大学出版社，2016：343-428.

［2］ 董泽宏. 饮食精萃：秋篇［M］. 北京：中国协和医科大学出版社，2001.

［3］ 中国科学院中国植物志编辑委员会. 中国植物志：第38卷［M］. 北京：科学出版社，2016.

［4］ 王皎，李赫宇，刘岱琳，等. 苹果的营养成分及保健功效研究进展［J］. 食品研究与开发，2011，32（1）：164-168.

［5］ 孙建霞，孙爱东，白卫滨. 苹果多酚的功能性质及应用研究［J］. 中国食物与营养，2004（10）：38-41.

［6］ 珞小玥. 野菜野果图鉴［M］. 哈尔滨：黑龙江科学技术出版社，2019.

［7］ 王丽琼，黄广学，林少华，等. 对我国海棠果产业发展的几点思考［J］. 2021（4）：88-90，93.

［8］ 张娟. 草木有本心——最文艺植物笔记［M］. 北京：中国林业出版社，2016.

［9］ 姜宝良，薛凯. 认识中国植物华北分册［M］. 广州：广东科技出版社，2018.

［10］ 黄艳霞，李冀，胡晓阳，等. 樱桃及其活性物质的研究进展［J］. 湖北中医药大学学报，2014，16（2）：115-116.

［11］ 施维，才颖，黄缨. 中华颐养书水 果蔬菜颐养方［M］. 上海：上海科

学技术文献出版社，2020.

［12］ 赵春莉. 身边常见花卉图鉴［M］. 西安：陕西旅游出版社，2019.

［13］ 李廷芝. 中国烹饪辞典新版［M］. 太原：山西科学技术出版社，2019.

［14］ 白宸铭. 蟠桃修剪与越冬管理技术要点［J］. 新农民，2021（8）：53.

［15］ 董泽宏. 饮食精粹新编卷2夏篇［M］. 北京：中国协和医科大学出版社，2019.

［16］ 陈虎彪，杨全. 800种中草药彩色图鉴［M］. 福州：福建科学技术出版社，2019.

［17］ 董泽宏.《食疗本草》白话评析：果蔬篇［M］. 北京：人民军医出版社，2015.

［18］ 田建军，张开屏. 吃出营养吃出健康果品的科学吃法［M］. 呼和浩特：内蒙古人民出版社，2018.

［19］ 周国宁，徐正浩. 园林保健植物［M］. 杭州：浙江大学出版社，2018.

［20］ 中国科学院昆明植物研究所. 云南植物志第12卷 种子植物［M］. 北京：科学出版社，2006.

［21］ 林余霖，李葆莉. 新编中草药全图鉴1［M］. 福州：福建科学技术出版社，2020.

［22］ 刘俊红，王庆波. 食疗宝典［M］. 北京：军事医学科学出版社，2010.

［23］ 毕晓菲，李勇. 石榴化学成分及其保健功能的研究进展［J］. 现代农业科技，2010（22）：356-357，360.

［24］ 如则麦麦提·伊敏. 猕猴桃树的主要功效及营养价值［J］. 知识（力量），2017（5）：22-24.

［25］ 王友升. 现代食品深加工技术丛书——果蔬生理活性物质及其高值化［M］. 北京：科学出版社，2015.

［26］ 杨恒，赵萍，刘裕慧，等. 柿子资源开发利用现状［J］. 生物资源，2019，41（5）：402-410.

［27］ 99健康网. 润肺解酒助消化，盘点柿饼的功效与作用［J］. 现代食品，2016（1）：125.

［28］ 赵瑞雪，蒋永贵. 无花果栽培与贮藏加工新技术［M］. 北京：中国农业出版社，2005.

［29］李培兵，金宏，仲济学，等．网纹甜瓜瓜汁对D−半乳糖衰老小鼠免疫功能的影响［J］．营养学报，2010，32（2）：153−156.

［30］李海杰，葛永红，董柏余，等．三种贮藏低温对厚皮甜瓜果实活性氧产生和清除的比较［J］．食品工业科技，2015，36（5）：325−328.

［31］闫森，胡国智，熊韬，等．新疆不同品种哈密瓜品质特性分析［J］．2021.58（10）：1802−1808.

［32］史丽萍，应森林．实用中医药膳学［M］．北京：中国医药科技出版社，2019.

［33］王姗姗，孙爱东，李淑燕．蓝莓的保健功能及其开发应用［J］．中国食物与营养，2010（6）：17−20.

［34］姚立君，李赫宇，李许伟，等．蔓越莓营养与保健功能研究进展［J］．食品研究与开发，2013，34（8）：120−123.

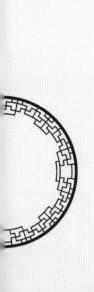

图书在版编目（CIP）数据

中华传统食材丛书.温寒带水果卷/倪志婧，王薇主编. —合肥：合肥工业大学出版社，2022.8

ISBN 978-7-5650-5120-3

Ⅰ.①中… Ⅱ.①倪… ②王… Ⅲ.①烹饪—原料—介绍—中国 Ⅳ.①TS972.111

中国版本图书馆CIP数据核字（2022）第157784号

中华传统食材丛书·温寒带水果卷

ZHONGHUA CHUANTONG SHICAI CONGSHU WENHANDAI SHUIGUO JUAN

倪志婧　王　薇　主编

项目负责人	王　磊　陆向军
责任编辑	毛　羽
责任印制	程玉平　张　芹
出　　版	合肥工业大学出版社
地　　址	（230009）合肥市屯溪路193号
网　　址	www.hfutpress.com.cn
电　　话	基础与职业教育出版中心：0551-62903120 营销与储运管理中心：0551-62903198
开　　本	710毫米×1010毫米　1/16
印　　张	10.5　**字　数**　146千字
版　　次	2022年8月第1版
印　　次	2022年8月第1次印刷
印　　刷	安徽联众印刷有限公司
发　　行	全国新华书店
书　　号	ISBN 978-7-5650-5120-3
定　　价	95.00元